结构的几何语言

华诚羚　夏一帆　张玄武　著

ZHEJIANG UNIVERSITY PRESS
浙江大学出版社

U0211145

写在前面

本书介绍的新型结构搭建起始于 2009 年参加柏庭·卫（Vito Bertin）老师的杠作课题。Vito 老师是帮助我理解结构搭建的启蒙老师。在他的课上，我们小组一起研究了三种结构形态，其中令我感到最为满意的是一个叫"集群"的结构设计。它是唯一真正意义上的三维结构，并且可以在空间中循环闭合地发展，形成一个稳定的结构体系。因此，我至今依然保留着当时搭建的一个小结构单元。在后来的求学过程中，我一直在继续思考着这种结构的搭建逻辑。

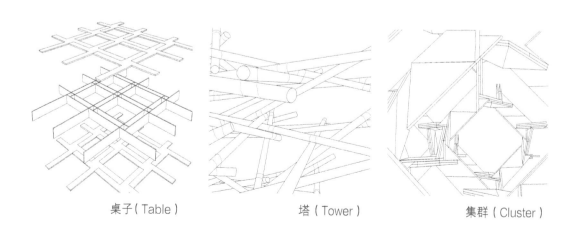

桌子（Table）　　　　　塔（Tower）　　　　　集群（Cluster）

集群（Cluster）模型

2014 年英国求学

英国利物浦大学

2014 年我去往英国求学，同时学习结构和建筑设计。那年，坂茂先生获得普里兹克建筑奖。坂茂先生致力于研究应急救灾建筑。除了他的人道主义精神，令我印象深刻的更是他对于想要突破建筑材料结构以及性能的尝试和努力。正如坂茂先生曾经在采访中这样说道："建筑师如果能有属于自己的特殊结构形式和材料，就能建造出独特的建筑，不会太受到时代的影响。我想为此我必须要寻求自己独有的结构形式和建筑材料。"

2019 年夏　模型课

上课与学生们讨论

留学归国之后，我开始陆续辅导一些大学生参与这类新型结构的探索，帮助他们完成个人作品，训练他们的设计思维和动手能力。在探索过程中，他们常常有许多创新的结构设计。初始时，这些设计只是一种简单的创新和直觉式的努力。经过长期的实践，我们逐渐积累了丰富的设计作品和搭建经验。与此同时，我开始思考总结这种结构的内在逻辑和空间秩序，并且尝试建立一些设计方法和体系，以便于更清晰地说明这种结构的价值，更好地发展这种结构。这期间由我设定设计框架，辅导学生完成了一系列实验性搭建。

　　本书是在夏一帆和张玄武的提议下，从 2019 年夏天开始创作的。我与学生长期的结构设计和搭建实践为本书的创作积累了必要的素材和经验。书中收录了丰富且优美的结构模型，这些模型并非这项结构研究的全部设计作品。收录在本书中的这些优美的结构模型和实例主要用来向读者展示和说明这项几何结构设计的概念和方法。这些概念和方法，为认识这个丰富多彩的建筑世界打开了一扇新的窗户，帮助我们观察到建筑技术与艺术之间有趣的平衡关系。我深刻地感受到，建筑的风格不该是设计师个人的时髦游戏，而应体现每个时代建筑技术发展的规律和结果。我们的许多设计和搭建都是在实践过程中反复试验产生的。实践中常常为了处理一毫米的误差，而需要试验好多种类型的材料并不断调整设计，因为插接顺序错误而需要重新拼接结构的情况也时有发生。但是我始终认为，这种实践对于结构设计来说具有很大的意义，这些过程让我们充分体会到结构的搭建不仅仅是机械化的软件建模，也不只是枯燥的数学计算，它是灵活生动的，需要在实际中观察体验材料本身的特性，利用材料自身的特性去创造富有想象力的空间结构。

　　本书的创作实在是我们一次真诚的努力，虽然书中内容经过认真的整理和反复的修改，定然还存在许多不足之处，还望读者宽容与谅解。本书的顺利完成得到了许多关心我们的老师和朋友的帮助，在此无法一一列举，感激之情全然述于文字之中。最后，我真挚地感谢参与这项结构研究的学生们，书中收录的作品是与他们共同创作完成的。

华诚羚

2019 年 11 月　于求是园

目 录

CONTENTS

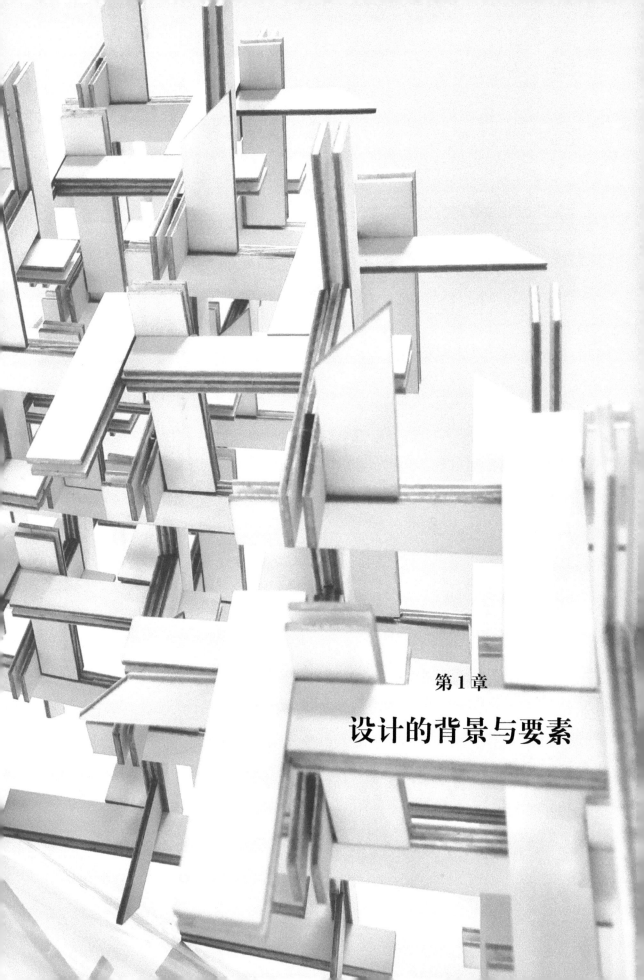

第 1 章

设计的背景与要素

现代建筑的发展往往得益于结构设计、新型建筑材料等技术的革新。新型结构和材料的应用必然能给建筑的形态和空间赋予新的生命。

当下的很多建筑结构面临以下问题：①建造方式复杂；②材料昂贵；③需要耗费较多的人力和时间成本。而一个优质的建筑结构应兼具实用、安全、经济、美观以及建造便捷等特点。这正如古罗马建筑师马可·维特鲁威曾提出的三条著名原则：坚固、适用和美观。现代建筑设计师多关注于建筑外形的美丽，常容易不注意建筑结构的价值。新型建筑结构的探索和研究对于现代建筑的发展至关重要，可以解决现有结构的局限性等问题。

我们的结构研究起始于 2009 年参加柏庭·卫（Vito Bertin）老师的杠作课题。起初这项结构研究只是一种简单而直率的尝试。我们的设计是从柏庭·卫老师的杠作课题中吸取了灵感，经过一段时间的搭建实践，渐渐发展形成的。与杠作结构相比，我们的结构是真正意义上的三维结构，并且能够实现几何上的完全约束。我们在实际搭建中发现这种新型结构在三维空间的发展呈现出独特的几何形态和空间秩序。这种具有鲜明几何风格的结构为我们的设计带来了意外的惊喜和想象。因此，我们开始致力于探索一种具有规则几何特性的结构形态，并揭示这种结构的内在组合规律以及空间特征。这种结构可以给任意目标形态赋予简单、集约和高效的构建方式，并挑战现有的建造方式和手段。目前的建造方式往往是自上而下的，这种建造方式被建筑师们广泛接受，甚至成为根深蒂固的观念。我们主张用轻巧灵活的结构抵抗粗暴笨重、千篇一律的结构搭建形式，提倡用可持续、可复用的搭建代替一次性的建造方式，以此减少建筑废料的产生。一旦结构变得可移动，可复用，那么这样的结构对环境的影响和破坏就会降低，对环境和场所的适应性也会更强。这项结构设计兼顾了自上而下和自下而上两种建造方式。这种结构的风格具有明显的几何特性和对称美感。其中采用的这种有周期性规律的结构形式呈现出一种明确的空间秩序美感。我们认为，这项结构研究是具有发明性和创新性的，结构设计的创新也定能为建筑形态和建造方式注入新的血液。

夏一帆（左）和张玄武讨论结构设计

　　我们考虑了现代结构技术存在的局限性，研究这类新型结构的内在组成逻辑，并创造出一种非常简单、不局限于专业人士甚至普通人都可以参与的结构搭建方式。我们之所以推崇公众能够参与的建造方式，是因为现代建筑的建造越来越集中到一些大型企业，现代社会似乎有一种先入为主的观念——建筑的建造只是专业人士和富人的游戏。但实际上，如果仔细探究建筑物的起源，就会发现建筑建造本身应该是一项人人都能够参与的活动。为了强调以人为本的建筑理念，我们提倡使用可持续和低成本的材料以减少建造成本，同时利用结构本身的搭建方式以降低施工能耗。此外，小单片单件的拼接如果能实现大跨度的搭建支撑，则将具有非常广泛的应用价值，甚至能够摆脱现有技术对空间构形的桎梏。我们希望基于现代结构技术的发展现状，提出一种新型几何结构形态，研究这种结构的内在逻辑及其几何变化和组合方式。

1.1　设计原则

我们从长期的设计和搭建过程中，逐渐摸索总结了这种几何结构的基本特点和设计原则。首先，这种结构所采用的极为简单的基本单元，在空间中具有独特的连接关系，可以保证每一个单元都是完全约束的。其次，基本单元能够通过循环连接的方式形成新一级的组合单元，以此类推，可以继续形成更高层级的组合单元。

这种几何结构需要遵循以下三个设计原则：

1）构件之间是互相支撑的；

2）单元之间自相连接，不需要额外约束就能形成独立结构；

3）在三维空间中，结构可以无限循环并发展形成有序的空间形态。

这三个设计原则是这种结构设计的基础，它决定了每一个结构的单件设计与节点设计，以及是否需要增加连接器。我们尝试用更加明确的方式对这种结构的特点进行实验和总结。为了更清晰地说明这三个设计原则在设计过程中的运用，我们将设计过程分为三个层次：

1）基本单元和组合方式；

2）空间形态和几何特性；

3）强度和稳定性。

基本单元是这种结构的基本组成部件，一般我们将基本单元设计为空间构型极为简单的小部件。进一步通过不同组合方式搭建基本单元，可以形成更大规模的结构形态。这些单元经过不断的重复搭建形成的空间形态以及展现出的几何特性，关乎这种结构最终搭建的空间和美感。对于一种新型结构，其强度和稳定性是进行结构应用的关键。

完全约束

循环连接

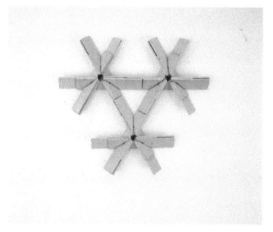

完全约束

循环连接

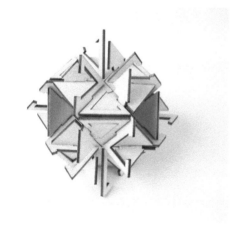

完全约束

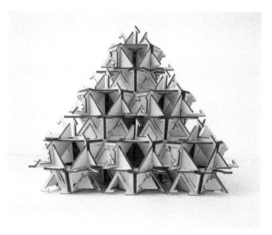

循环连接

1.2 基本单元的要求及原则

基本单元包含单件、节点两个元素，有时还包含连接器。在下一层级的闭合延展中不需要增加其他不同的单件、节点和连接器，只需要重复基本单元的组合就可以满足上述三个设计原则的要求。

（1）单片和单件

单片是这类结构中最小的部件。一个或者多个单片可以构成一个单件。我们将单片和单件都设定为一个刚片，即几何不变体。单件在空间中互相组合连接，形成基本单元，即一个有空间几何关系的组件。基本单元组合形成更高层级的单元组合，并继续组合，直到形成的单元组合在空间中呈现有规律的周期性结构。这种周期性重复出现的单元组合就被称为结构基元。

这个结构追求明确简便的搭建方式，因此单片和单件的数量不宜过多。如此，结构的纯粹性更加凸显，结构的几何特性更加明确，在应用上也更方便生产加工。另外，一旦单件种类增多，结构发展的样式就容易变得不可控制。

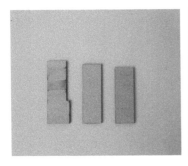
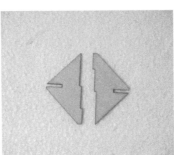

单片和单件

（2）节　点

　　单元之间如何做到互相支撑呢？我们通过增加杠杆让各个单件和单元相互借力支撑。单件形态和连接处的节点设计让每个小单件以及基本单元能在下一个闭合层级里形成固定的连接方式，不需要增加额外的连接就可以实现互相约束。结构单元如果能在空间中首尾相连，实现完全约束，那么这个结构就会达到更高的强度和稳定性。

　　单片之间通过预先合理设计的节点进行连接。节点设计是这项结构设计的关键之一，节点的设计形式决定了单元之间的连接规则。只有节点设计合理，才能满足搭建要求，并构成一个自相连接的结构。从某种意义上说，节点的处理方式甚至决定了结构搭建方式和搭建顺序。目前，我们在单元中通常用插接的方式连接，形成结构的节点。我们的单片均采用较薄的材料。如果在实验中用到一些较厚的材料，也可以尝试其他连接方式，甚至可以借鉴中国传统建筑中的榫卯形式。

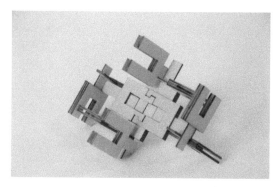

U 形卡接槽设计

U 形卡接槽设计

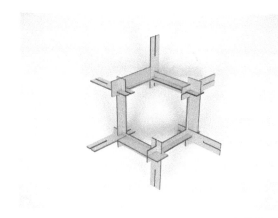

卡槽设计

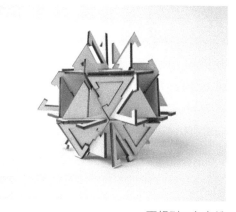

不规则三角卡槽

为了使我们的结构能够在空间上不断扩展，节点通常明确显露在外，以便于进一步搭建。节点设计可以发挥个人的创造力和想象力，优美的节点设计可以进一步增强结构的空间质感。

插接节点设计

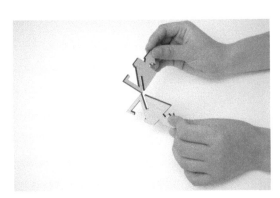
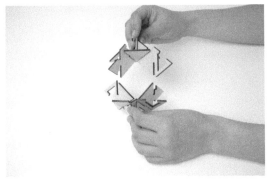

插接节点设计

卡槽设计与插接

（3）连接器

通常来说，单片和节点的合理设计已经可以实现单元的稳定性，连接器的使用只是为了增加单元的强度和稳定性。在某些情况下，结构单片设计和节点设计不能形成独立、稳定的连接，这时就可以考虑增加连接器。在结构中加入连接器的前提是不违背结构的力学原理。在我们已有的设计中，一部分模型需要具有足够的摩擦力才不会坍塌，这部分模型本身的强度和稳定性是不足的。连接器相当于结构优化件，可以增强结构的摩擦力，也可以增加这个结构搭建的规模。在某种程度上，附加连接器其实降低了结构单件和节点的设计难度，因此我们在结构研究中，通常不推荐学生采用连接器。

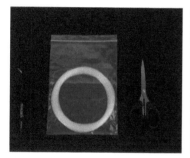
透明尼龙绳

六边形连接器

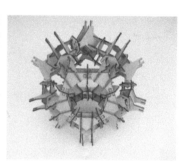
两种连接器组成的基本单元

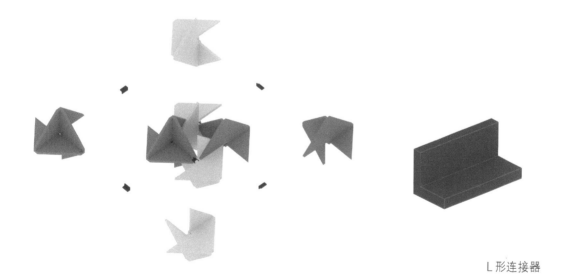
L 形连接器

1.3 结构的闭合与延展

从几何的角度来看，闭合和延展原本是两种互相矛盾的特性。闭合是指首尾相连的、封闭的；延展是指延长伸展的、扩展的。但是，我们在这项结构研究中不断研究如何让闭合与延展两者并存——结构在闭合的同时，还要求能够继续连接扩展。

为什么要求结构能够闭合呢？因为普通的结构是没有形成闭合的，往往需要添加额外的约束才能使得不闭合的结构实现稳定。也就是说，不闭合的结构本体容易松散，会降低结构的稳定性。当然，结构的稳定性也取决于结构受力的方向以及结构插接的方向。这项结构以一种首尾相连、环环相扣的方式闭合，这有一点像联锁（interlocking）。这种形式可以在中国传统建筑中找到，比如孔明锁采用的技艺，以及《营造法式》和《工程做法则例》中经常采用的结构。

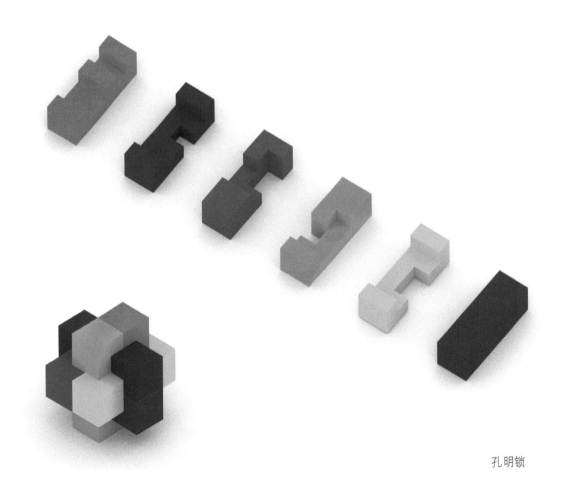

孔明锁

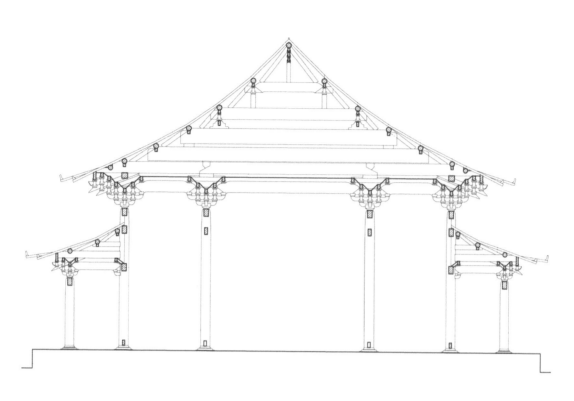

双槽草架侧样——《营造法式》

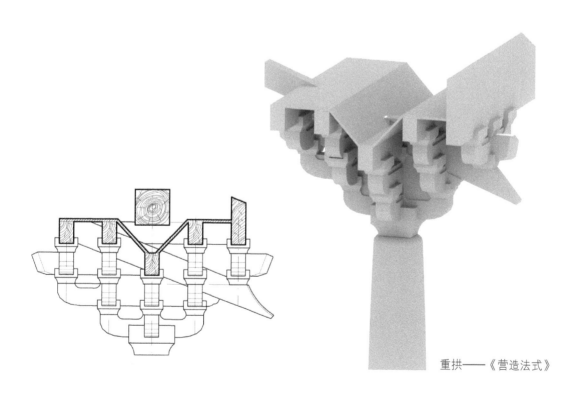

重栱——《营造法式》

在我们的结构中，结构单元能够在空间中互相支撑，一旦在多个方向上获得支撑和连接，结构的稳定性就会大大增强。

通过结构的研究，我们还发现基本单元在空间中形成闭合的方式可能是多样的。基本单元能够以不同的方式在空间中闭合，形成不同的结构形态。

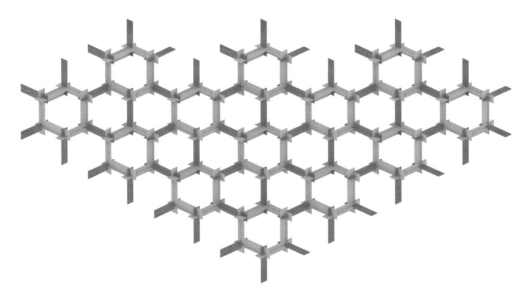

延展扩展

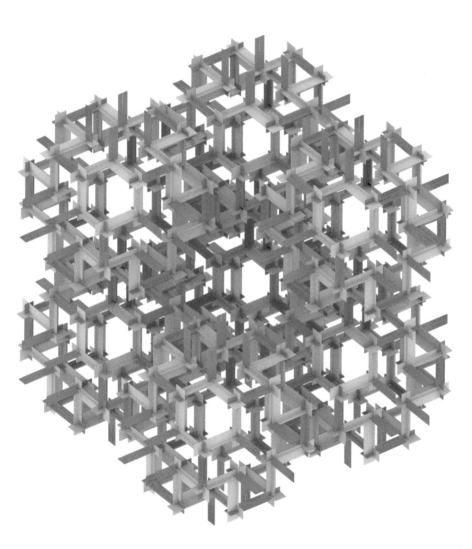

闭合延展

这种结构的基本生成方式是基本单元扩展成规模更大的闭合的稳定结构。这类规模大而且稳定的结构可以用成千上万的结构模块和单件建造，甚至不需要使用胶水或其他的粘连材料。

从我们搭建的结果来看，单元的闭合是分层级的，一部分同学的闭合在第二层级就已经显现空间延展的方式了。但是有些同学的结构需要到更高层级的组合单元才能显现出空间上的延展。那些需要更多闭合层级才形成固定发展方式的结构，会呈现出更加丰富的空间形态。但最终每个模型在空间中都可以三维无限延展。

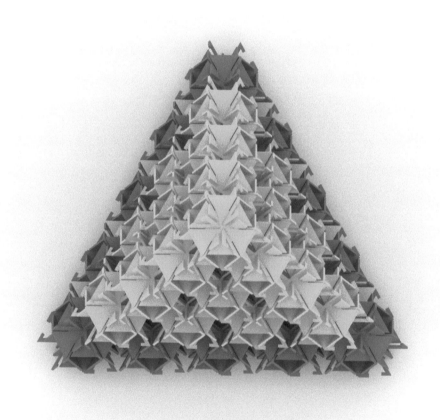

第二层级显现固定的延展方式

第二层级显现固定的延展方式

　　我们研究的这种结构是变与不变的统一。这种结构既是固定的，又是可变的。固定是指结构本身是完全约束的，一旦形成空间闭合，结构就会稳定牢固。可变指的是，结构可以灵活拆卸，若是结构本体部分被损坏，不需要整体拆除，只要更换被损坏的单元或单片即可。这样的可变结构更有利于更新维护，并且更耐久，能够重复利用。我们希望这项结构研究具有更强的应用性，如果能够设计出自身形成稳定闭合的空间，将会是对结构研究的一大突破。这样的结构肯定能给建筑的建造方式带来新的可能。

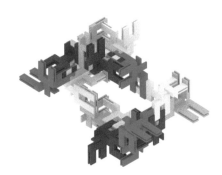

第三层级显现固定的延展方式

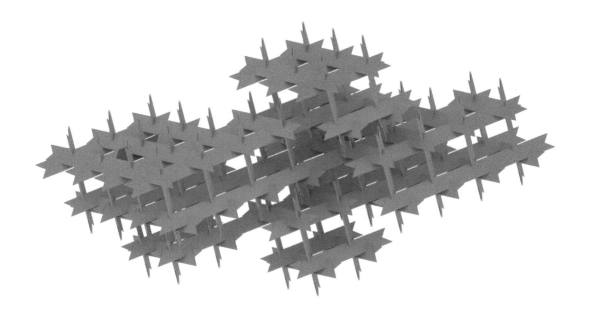

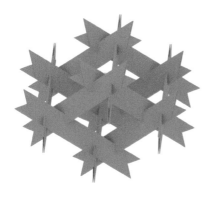

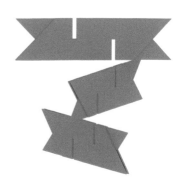

第二层级显现固定的延展方式

第 2 章

空间样式与几何对称

2.1 结构设计的几何化

　　直接想象一个复杂的空间形态是非常困难的,更何况要构想一个不断延展闭合的空间。基本单元中的单件在空间中形成的角度直接决定了结构的几何形式、生长方式和最终形态。我们在项目研究过程中尝试用几何的方式来推导结构的空间形态。计算一个基本单元的单件角度还远远不够,还要确定基本单元连接后衍生的下一层级能否在空间中闭合。如果不能形成闭合,结构就不符合我们设定的原则,便不属于无限闭合延展的结构,至多是一个延展的结构;如果可以形成闭合,那么就要继续确定下一层级能否再次闭合,直到闭合的方式不再变化,在空间中形成有规律的延展,这个结构所呈现的几何关系才被真正确立。

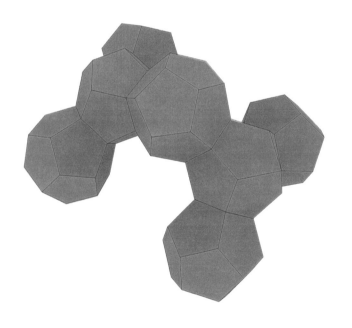

几何样式——正十二面体

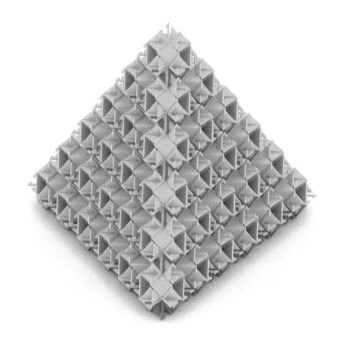

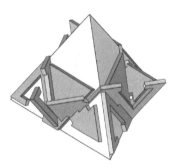

结构的几何关系建立在正四面体上

　　事实上，将结构几何化是一个非常高效的办法。首先建立一个几何形态，把它看作一个基本单元或者一个第二层级的单元，然后在空间中堆叠。如果这个几何形态能够在空间中不断闭合，并且共面，那么这个基本单元可以生成一个在空间中完全约束、首尾相连的结构。这个基本的几何形态的每条棱的方向和每条棱在空间中相互形成的角度就可以被看作单件的方向和单件与单件间形成的角度。这样看来，单件的基本形态是相对自由的，可以有不同的选择。确定了单件的基本形态之后，它的长短、厚度也就随之确定了。在较高层级里，可以通过这个几何单元闭合共面的情况设定结构的组合方式和插接方式。

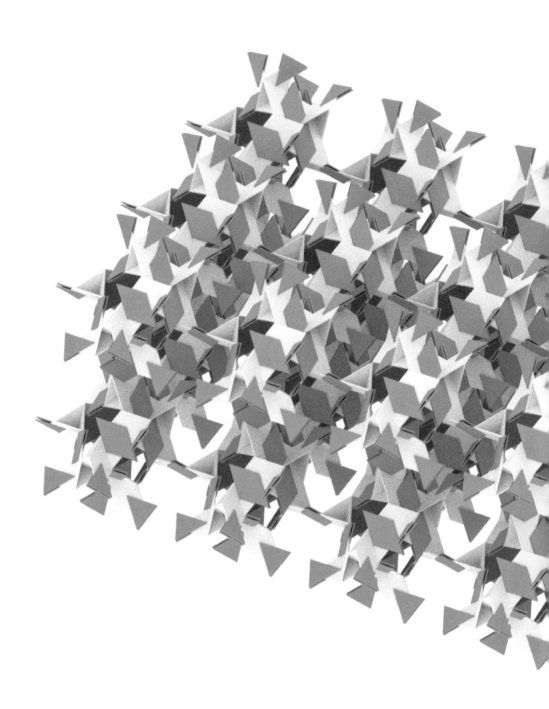

三个锥体在空间中两两共面

2.2 结构的组合方式

结构的组合方式不同，结构的跨度、强度和稳定性都会不同，形态也会发生变化。一个基本单元有可能形成多种组合方式，多样的结构组合方式背后同样有潜在的秩序和逻辑。比如说，单元与单元之间插接位置的不同就有可能形成不同的组合方式。

结构的组合方式变得不唯一时，其空间发展就显得更有意思。而且，不同的组合方式形成的结构可以满足不同的需求。从这些结构实验的结果来看，我们猜想这种结构在空间中的闭合层级也许是有限的。当结构的闭合方式不再产生变化，且呈现明确的闭合周期性时，结构的空间组合方式和几何形态才被真正确立。而且我们发现任何符合这种结构原则和要求的设计，最后其组合方式都会在空间中以相同的组合单元相互连接、闭合、延展下去。这种周期性重复出现的组合单元，可以被称为这个几何结构的结构基元。符合设计原则的结构会在出现结构基元后呈现明确的周期性。

以下是部分结构组合方式。

右图中有三种结构组合方式，它们的结构基元相同，三个单件构成基本单元，四个基本单元构成第二层级的组合单元，然后三个第二层级的组合单元构成结构基元。组合方式一是由四个结构基元在空间中组合并互相闭合，形成三维延展的空间；组合方式二是由六个结构基元在空间中组合并互相闭合，形成三维延展的空间；组合方式三则是由八个结构基元在空间中组合并互相闭合，形成三维延展的空间。

组合方式一　　　　　　　　组合方式二　　　　　　　　组合方式三

单件　　　　　　　　　　　　　　　　　　结构基元

基本单元　　　　　　　　　　　第二层级的组合单元

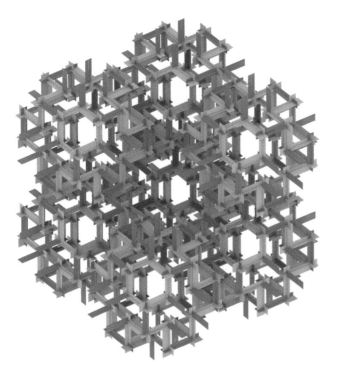

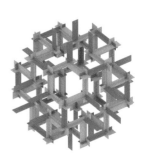

结构基元

更高层级的组合单元　　　　第二层级的组合单元

单件　　　　　　　　基本单元　　　　第一层级的组合单元

上图所示结构中，三个单件构成基本单元，六个基本单元构成第一层级的组合单元，四个第一层级的组合单元构成第二层级的组合单元，两个第二层级的组合单元构成结构基元，四个结构基元在空间中组合并互相闭合，形成三维延展的空间。

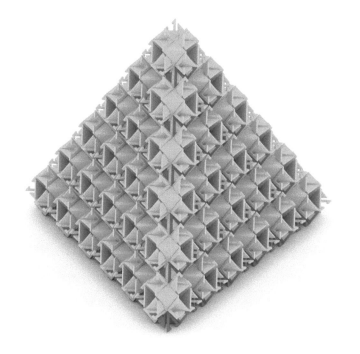

高层级的组合单元

更高层级的组合单元

结构基元

单件

基本单元

　　上图所示结构中，六个单件构成基本单元，三个基本单元构成第二层级的组合单元，第二层级的组合单元就是结构基元，四个结构基元在空间中组合并互相闭合，形成三维延展的空间。

单片

单件

基本单元

第一层级的组合单元

第二层级的组合单元

结构基元

上图所示结构中，八个单片构成七个不同的单件，八个单件组合成八种基本单元；八个基本单元相互插接，构成四个第一层级的组合单元；这四个第一层级的组合单元构成第二层级的组合单元，两个第二层级的组合单元相互插接，构成结构基元；四个结构基元在空间中首尾相连，闭合循环。

2.3　结构的几何样式

结构在空间中呈现首尾相连且闭合的形态，一般分两种情况：一种情况是在一个平面内闭合（在两个方向上延续闭合发展）；另一种情况是在空间中三个方向上闭合。此外，一部分结构在空间中呈现辐射对称形态，我们在实验中已经发现的这样的几何形态包括规则的四面体、六面体、八面体等。

目前看来，正十二面体不能形成空间闭合的形态。因为正十二面体的每个面都是正五边形，如果将正十二面体展开，它不能无缝隙地铺满整个平面，所以正十二面体无法形成空间闭合。一些结构的几何外形即显示出对称性。我们尝试在空间中用标准单元建造三维重复的结构，使它最终呈现为一种空间中的周期性重复。

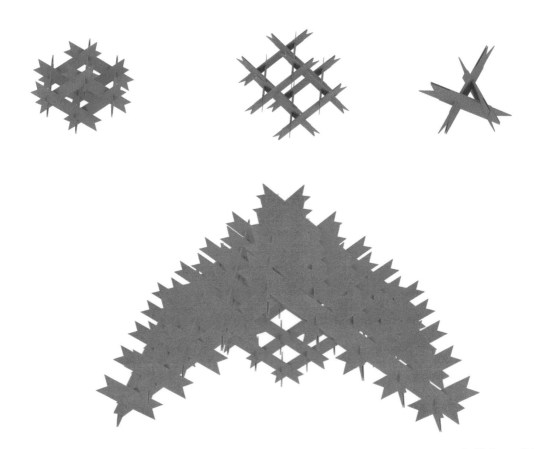

几何样式——锥形

几何样式——三棱柱　　　　　几何样式——正四面体

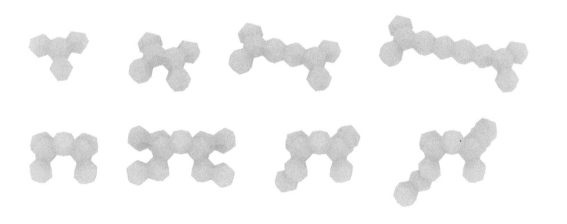

几何样式——正十二面体

几何样式——正十二面体

2.4 结构的对称性

从目前的结构搭建实践结果来看，符合我们三个设计原则的结构都具有旋转对称性、镜面对称性和周期性。这些几何对称性为结构带来许多优势：

1）具有明确的空间几何发展特征；

2）对称性在建筑和城市空间中被广泛利用；

3）具有更高的美感；

4）在实践中具有很高的应用价值。

德国数学家外尔（Weyl）将对称性的概念方法描述为：如果对物体进行一些空间操作，在这些操作完成后，它看起来和之前是一样的，那么这个物体就是对称的。简单而言，物体或图形的对称性是指该物体或图形经过一定的空间操作后，能够与自身重合的性质。

具有对称性的物体和空间本身是非常具有吸引力的，也能给人更加深刻的印象。从美学的角度而言，具有对称性的物体会显得更有美感。无论是中国的古典建筑，还是西方国家的经典建筑，都在用对称性表达空间的美感。中国传统建筑美学特别讲究建筑结构以及空间布局上的对称性，这一点从现存较多的明清建筑中可以得到明确的证实。中国古典建

图片来源：Naya Shaw on Pexels　　　印度泰姬陵

图片来源：Anthony Delanoix on Unsplash　　　巴黎埃菲尔铁塔

图片来源：Kaspars Upmanis on Unsplash　　　**西班牙巴塞罗那**

图片来源：Rodrigo Kugnharski on Unsplash　　　**法国巴黎**

图片来源：Peiheng Yang on Unsplashw　　　**中国北京**

图片来源：Belle Co on Pexels　　　**美国旧金山**

筑的对称性给人一种四平八稳的感觉，也充分体现着中国人"天人合一"的哲学理念。此外，对称性在结构上也有许多优点，尤其体现在结构的稳定性上。例如，古今中外的桥梁结构多为对称结构，我国古代经典桥梁设计赵州桥能够一千多年屹立不倒，也得益于它稳定的对称结构。除了建筑设计，城市设计规划中也多有这样的对称性特点，例如北京的镜像对称，巴塞罗那的旋转对称，巴黎的旋转对称，旧金山的平移对称，等等。

　　这样的几何美感和空间秩序也同样体现在我们设计的结构之中，无论是单件、基本单元设计，还是更高层级的单元组合，都呈现出高度的对称美感。

　　结构的单件和单元经过对称性操作（如平移、旋转、镜像）组合成更高层级的组合单元，以此来构建完整的空间结构。

　　此外，我们通过研究发现，对任意单件和单元的对称性操作次数都是可以计算的。只要结构单件被确定，这类结构的单件和单元的对称性操作次数就能被计算出来，也就能明确计算出有几种空间组合方式。

（1）旋转对称性

如果物体沿着空间中的一根轴旋转小于 360° 的某一角度后，与自身原本的状态重合，这种性质被称为旋转对称性。旋转对称性普遍见于自然界和各种建筑设计。在这项结构研究中，旋转对称性主要体现在如何解决单件和单元的闭合问题。结构在三维空间搭建过程中，经过一圆周上的发展可以实现闭合。同时，旋转对称性是一种对称程度非常高的几何形式，能够给人带来一种秩序美感。

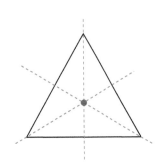 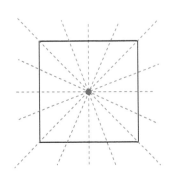 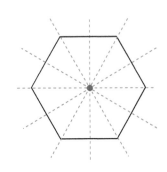

旋转对称性

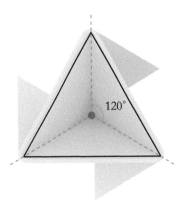

顺时针

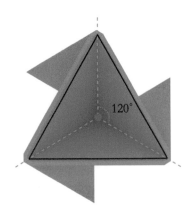

逆时针

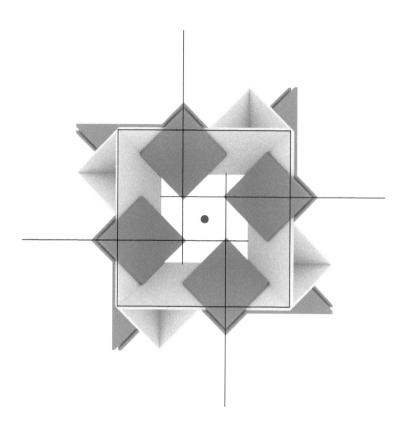

旋转 90°

旋转 120°

（2）镜像对称性

　　如果沿着图形的对称轴放一面镜子，镜子里映像的一半正好把图补成完整的（和原来的图形一样），这种性质就是镜像对称性，称镜面对称性。镜像对称性在我们的结构设计中主要解决了结构如何能在空间中两两形成闭合的问题。在多个结构设计和搭建的过程中，我们发现，这类结构中也都存在镜像对称性，一旦结构中没有镜像对称性，该结构就极有可能无法在空间中闭合，而只能呈现延展的状态。也正是镜像对称性，大大增加了结构本身的稳定性，因为镜像对称单元往往能给原结构单元提供一个反向支撑，保持结构的平衡稳定。

镜像对称

镜像对称

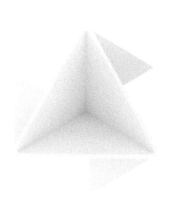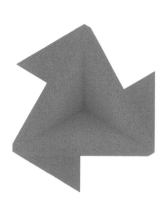

镜像对称

（3）周期性

　　周期性是指物体沿着某一方向移动后，会和本身重合的性质。在这项结构中，周期性体现的是一种延展延伸的空间形态。结构在空间中呈现有规律的无限延展状态，主要是因为结构本身具备周期性特点。具有周期性的物体能够给人以独具一格的视觉美感。

几何形态——六面体

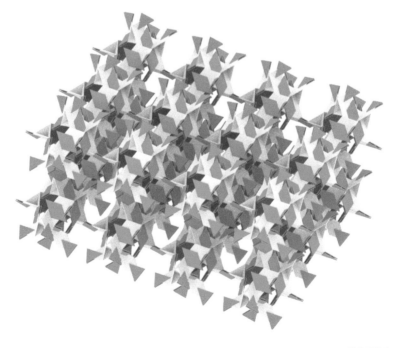

几何形态——六面体

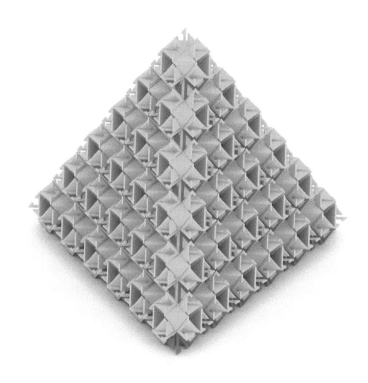

几何形态——正四面体

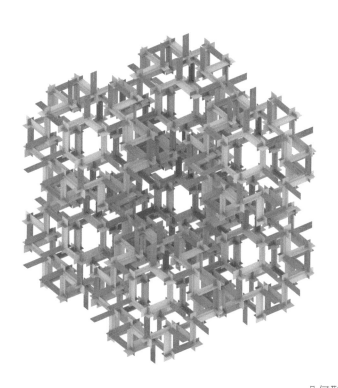

几何形态——六面体

第 3 章

结构强度与稳定性

3.1 结构强度

　　结构的强度是结构设计中必须考虑的方面，因为结构通常都会承载外力作用。结构的强度是指结构抵抗外力破坏的能力。我们的结构在闭合延展过程中会不断增大，之后是否还能保证其强度，是需要在设计过程中考虑的问题。同时，结构单元的大小也会影响结构本身的强度。而结构单元的规模取决于单件的设计。

　　实践中，在每一个模型的制作过程中，我们都会多次尝试按压或者提拉模型，以测试模型的强度，并且观察结构是否会发生破裂、倒塌或破损。结构的强度会因为不同的摆放（受力）方向和位置产生不同的结果，所以测试结构的强度是非常必要的。如果结构本身的强度比较薄弱，那么这个结构就违背了设立的初衷。如果结构强度不足，就需要对它加以改进，提升其强度。结构的强度与结构的形态和材料、结构构件的连接方式、构件的截面形状等因素有关。因此我们需要对每一个结构的形态和材料、单件的尺度厚度、结构构件的连接方式、连接器等进行设计和实验。我们使用不同的材料进行搭建，例如卡纸、瓦楞纸板、木片等，推敲不同尺寸和厚度的单件，尝试多种插接方式或连接器。

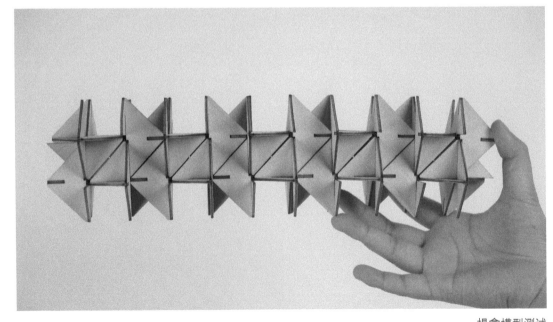

提拿模型测试

提拿模型测试

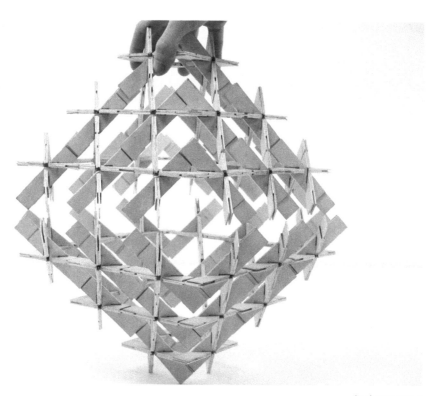

提拿模型测试

3.2　结构的稳定性

　　稳定性是结构设计中必须考虑的。结构的稳定性是指结构保持原有平衡状态的能力，主要受到结构的几何形态、支撑面积大小、重心位置等因素的影响。

　　那么，具有怎样几何形态的结构才是更稳定的呢？从实际建筑形态来看，通常认为，具有立方格子形态的结构是最稳定的，但是对于我们这类结构而言却并非如此。从目前的实验结果来看，正四面体是比较稳定的一种空间几何形态，因为四面体的四个面均为三角

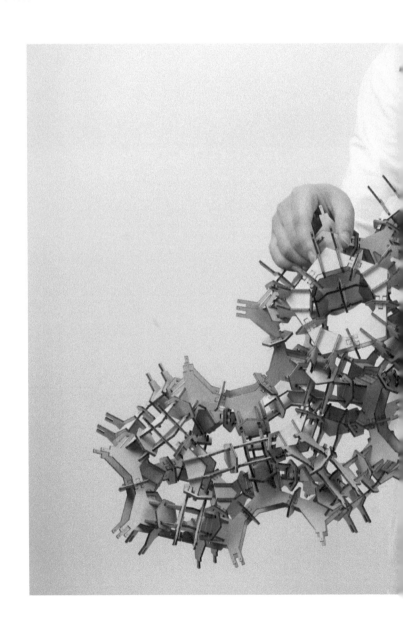

形，一般情况下，在二维结构中，若各边长恒定，则三角形是最稳定的。而在这项实验里，结构的稳定性并不完全取决于结构所构成的几何形态，还取决于结构设计的插接方式、单件形式和连接器。这些设计决定了结构各个面与支撑面接触时所形成的支撑面积大小，支撑面积越大，稳定性就越强。结构在支撑面不同的摆放方向和组合方式会使结构的重心发生变化，从而影响结构的稳定性。我们相信，这类结构在传统工艺和现代技术的相互作用中，可以将潜力尽可能展现，并且可以通过更合理的设计增强结构的稳定性。

提拿模型测试

四个面都一样稳定的结构

3.3　结构的弯曲

结构受到重力作用时会发生弯曲，但是弯曲程度因与结构的抗弯刚度相关而各有不同。结构的抗弯刚度是指结构通过弯曲变形抵抗外力的能力。结构的抗弯刚度越大，弯曲程度就越小。长度较长的杆件容易发生弯曲，因为长度的增加会降低杆件的抗弯刚度。矩形基本单元结构比其他几何形态更容易发生弯曲，尤其是在一些扁平的矩形单元里，因为减小矩形单元的厚度会降低单元的抗弯刚度。那么，如何优化结构，使模型具有更好的抗弯刚度？除了尝试不同力学性能的材料外，还可以改变结构的长宽比例和杆件的厚度，也就是改变单元的几何设计，从而提高结构的抗弯性能。

结构的最大跨度会有多大？通常我们在结构设计过程中，需要不断实验才能确定结构的最大跨度，但可以明确的是，材料的重量、材料的力学性能以及杆件的几何形状会影响整个结构的跨度和极限。在模型实验过程中，我们给同学的建议是多用一些瓦楞纸板，并给他们分析关于瓦楞纸的一些特殊知识。

四个面都一样稳定的结构

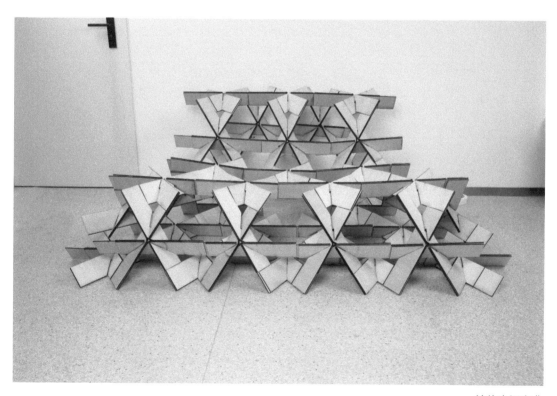

结构中间弯曲

结构中间弯曲

3.4 相似结构的对比

对空间秩序感的追求，在一些现代建筑师如隈研吾、藤本壮介、弗雷·奥托、坂茂等人的作品中有所体现。像隈研吾的 GC 口腔科学博物馆，坂茂的汉诺威世界博览会日本馆……这些建筑的构建形式具有一种独特的几何张力。但是以往的搭建中，结构单元之间并没有形成真正的三维几何约束，需要额外的铆接固定。我们的结构在形成空间秩序和几何对称美感的同时，实现了结构部件之间的几何完全约束，具有更好的稳定性。同时，我们的结构是一种更迭性结构，可变、可修改、可更新，它在结构形式上给设计和搭建带来了更大的想象空间。

坂茂擅长用木材、再生纸这类轻型材料作为建筑的主材，他设计的建筑结构别具一格。比如 2013 年完工的瑞士 Tamedia 办公大楼是纯木结构的，这个建筑每个结构部件都完全独立，并且经过精确的计算和设计。搭建完成的结构部件可以完全紧扣在一起，形成一个完全稳定的建筑。建筑的建造过程也区别于我们现在的现场施工方式，事先预制好木制构件，然后由工人在施工现场按照图纸组件，这样可以大大降低建造过程对环境的影响。

图片来源：shigerubanarchitects

图片来源: shigerubanarchitects

设计师　坂茂
项目名称　Tamedia 办公大楼
项目地址　瑞士苏黎世
项目时间　2013 年
项目材料　木材

图片来源：shigerubanarchitects

设计师	弗雷·奥托 / 坂茂
项目名称	汉诺威世界博览会日本馆
项目地址	德国汉诺威
项目时间	2000 年
项目材料	再生纸 / 竹子

　　2000 年德国汉诺威世界博览会日本馆是由建筑师坂茂和弗雷·奥托共同设计的，由于世博会展馆是临时性的，所以在设计之初他们就充分考虑了材料的回收。他们的设计理念很好地呼应了当时世博会的主题"人、自然与科技"。因此这个建筑完成了使命后，展馆内的每一个结构部件（竹子、纸）都被拆卸回收，并且运回日本，变成学生的作业素材，

继续循环利用。汉诺威日本馆的内部空间很大，展厅面积达 3600 平方米，该建筑长 74 米、高 16 米、宽 35 米，但却没有用柱子来支撑，这与弗雷·奥托设计的曼海姆大厅网壳结构相似，但汉诺威日本馆的屋顶则采用纸膜，这使得建筑更加轻盈。

GC 口腔科学博物馆和梼原木桥博物馆都是隈研吾 2010 年完成的作品，梼原木桥博物馆的设计源自传统的悬臂式结构，也同斗拱结构设计相似。斗拱本身由多个木料榫接而成，也等同于多个小型悬臂，以达到平衡弯矩的性能。梼原木桥博物馆的主体结构由组件堆叠而成，形成一个巨大的倒三角，并由建筑底部的一根柱子支撑，实现了大悬挑，带来极为震撼的视觉效果。

图片来源：Kengo Kuma and Associates

设计师　　隈研吾
项目名称　梼原木桥博物馆
项目地址　日本高知
项目时间　2010 年
项目材料　木材 / 钢材

隈研吾的 GC 口腔科学博物馆由 6000 根桧木搭建而成，其设计灵感来源于鲁班锁，基本单元由三根断面为 6 厘米 ×6 厘米的木头组成，木头的连接也不需要螺丝或胶水。

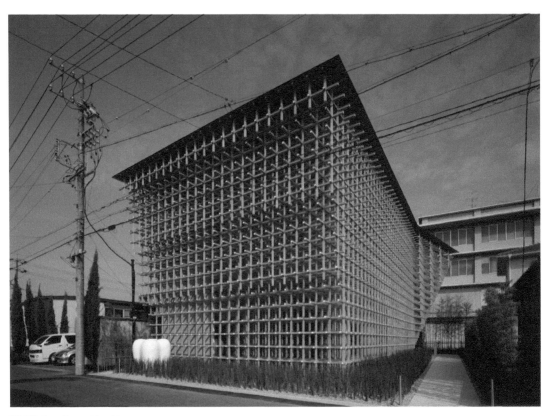

图片来源：Kengo Kuma and Associates

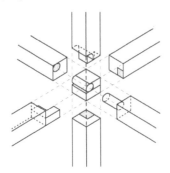

设计师　　隈研吾
项目名称　GC 口腔科学博物馆
项目地址　日本爱知
项目时间　2010 年
项目材料　木材

2016 年，藤本壮介在上海用 500 根纯白色脚手架搭建的三维山形艺术装置——"远景之丘"，该作品整体高 21 米、宽 87.6 米，总占地面积达 638 平方米，形式非常壮观。事实上这个方案是藤本壮介 2013 年作品"蛇形画廊"的衍生之作。脚手架叠压组合形成有强烈几何美感的城市公共空间。这种轻盈便利的结构，为城市的公共活动提供了更多的可能性和趣味性，同时也大大降低了建造对城市环境的负面影响。

图片来源：sou-fujimoto

设计师　藤本壮介
项目名称　远景之丘
项目地址　中国上海
项目时间　2016 年
项目材料　白色脚手架

3.5　材料与结构的关联

　　建筑材料技术的变革可以说是日新月异，而材料又是建筑建造的基本要素，我们希望选择的建筑材料具有环保可持续、经济适用、取材容易、轻质高强且耐久等特点。在我们的设计原则之下，我们的结构是可以拼装的，这种可拆卸、可重复利用的方式对环境的影响也较小。选择回收系数高的材料，对其进行加工处理，可以增加重复使用率，降低消耗浪费。

　　需求是建筑设计的第一原则。利用不同材料的不同特性可以更好地满足用户对于空间的需求，或者创造更有趣的空间。材料在结构中应该有它自身的表达方式，不同质地的材料适合不同结构的搭建。我们希望利用一些看似脆弱的材料或者重复利用昂贵的材料以压缩成本，打破材料和结构的固有应用方式，创造非一次性的应用方式，使得我们的结构设计在充分利用材料特性的基础上满足用户对空间的需求。

　　为了更加纯粹地探索材料和结构本身的特性，我们在实验探索阶段用不同的材料试验，最后选择一种主要材料进行实体搭建，尽量简化结构，保证结构本身及其搭接方式明确简洁。若原始结构设计非常复杂（例如单片单件数量过多，需要用到很多连接器），那么其搭接后的结构秩序必然会变得更加复杂，将会影响整体的美观性和实用性。

 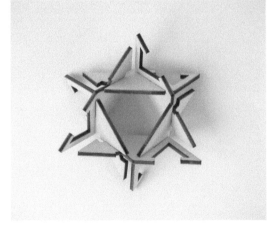

左：卡纸　右：木板

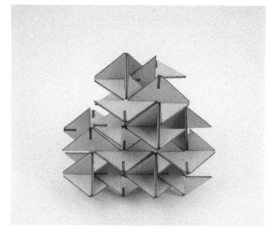

左：卡纸　右：木板

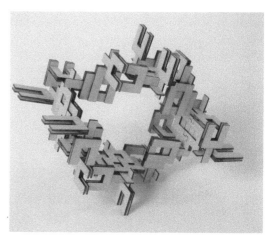

左：卡纸　右：木板

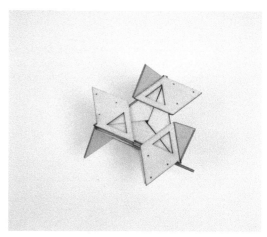

左：卡纸　右：木板

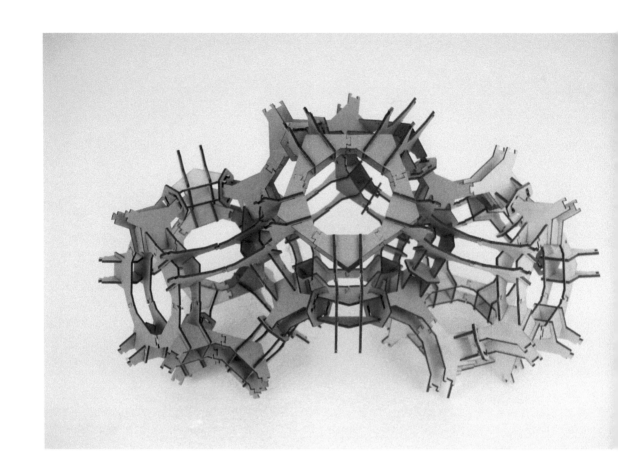

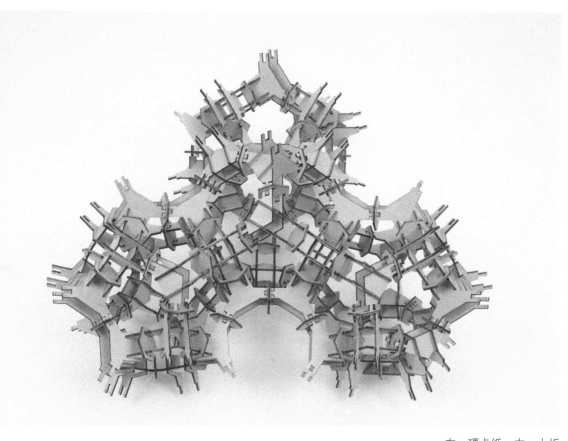

左：硬卡纸　右：木板

左：卡纸　中：瓦楞纸　右：木板

3.6　结构搭建的误差

　　我们的这项结构研究展现了结构灵活变化组合的空间发展潜力。虽然最初单片、单件的形式是固定的，但是有多元灵活的组合方式。在结构实验过程中，我们能够看到多元化的形态组织样式，而且对于结构搭建而言，这种组合方式是非常高效的。但是结构搭建必然会产生误差：一方面是生产和加工过程中产生的误差，例如有些木板的厚度不完全一样，可能导致基本单元不能很好地闭合；另一方面则是搭建装配过程中产生的误差，例如单片粘贴组装过程导致的误差。因此我们需要预先考虑和计算这些潜在的误差。事实上，在装配过程中产生误差是正常的，但是需要考虑误差是否在允许范围内。在设计过程中克服误差往往非常困难。一旦结构搭建的规模比较大，就容易产生误差的累加，导致最后难以搭建。

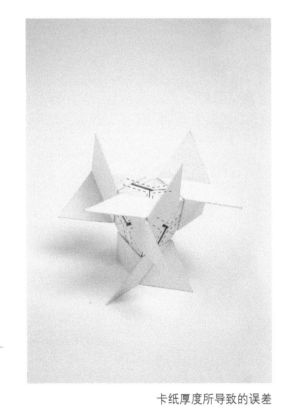

卡纸厚度所导致的误差

改进后的拼接效果

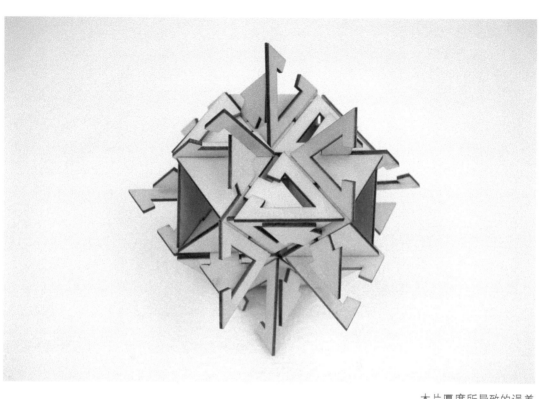

木片厚度所导致的误差

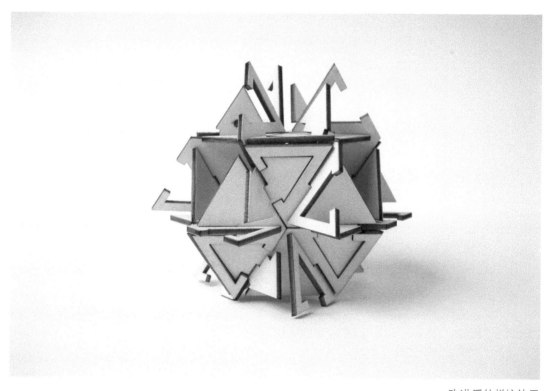

改进后的拼接效果

3.7 新的搭建方式

现代工业技术带来了机械化制造生产、批量定制的方式。从现代建造的标准化生产要求来看，结构单件越单一，标准化生产效率就越高。如果我们的结构能够被广泛应用，那么就可以突破当前建筑领域冗杂的建造过程，而可以对一个建筑的各个构件实现完全的标准化生产，保证一个建筑搭建的构件都是相同的。

目前的建筑建造成本，无论是人力、材料还是施工工艺的投入都非常高。因此，我们希望这类结构设计能够降低不可持续的消耗和成本。我们秉持的理念是将设计与建造合二为一，使建造变得可持续，让设计满足人对空间的可变性需求。建筑空间具有时效性，建筑空间是临时和短暂的，但是建筑材料可以自然循环、更迭再生，例如可以将回收材料应用于家具及单个部分的组装。这类结构建立了一种自下而上的搭建方式，不需要专业复杂的技术，人人都可以操作，人人都能实现对空间的想象。这种搭建可以是一种持续的行为，可以更迭、替代、复制、重生。

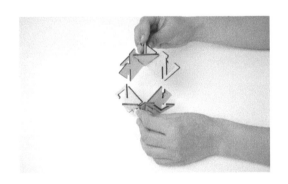

插接方式

批量切割组装

　　现代主义建筑设计往往会忽视设计和建造之间的关系，建筑的结构问题往往由结构工程师解决。建筑师因为远离技术和结构，其建筑建造形式和空间形态的创造力常受到很大限制。

　　其实，在中国古代的建造方式中早就产生了木结构模数制度，传统木结构建筑在隋唐时期逐步发展出程式化、标准化、模数化的建造方式。宋代的《营造法式》也体现了木结构的模数制度，里面包含了一套完整的营造制度，例如木构建筑的设计原则、类型等级、加工标准、施工规范。《营造法式》中以八等级"材"作为模数标准，明、清两代的建筑对这种制度进行了继承和发展。清代工部为了规范"官式"建筑的建造，出台了《工程做法则例》，对这种标准化的木作结构进行了详细规制。标准化和定制化使结构得以快速搭建和拼装。中国古代工匠可以在建造过程中不置钉地完成搭建，我们的结构设计也尝试借鉴这种更纯粹的搭建方式。

3.8 结构的草模

搭接过程

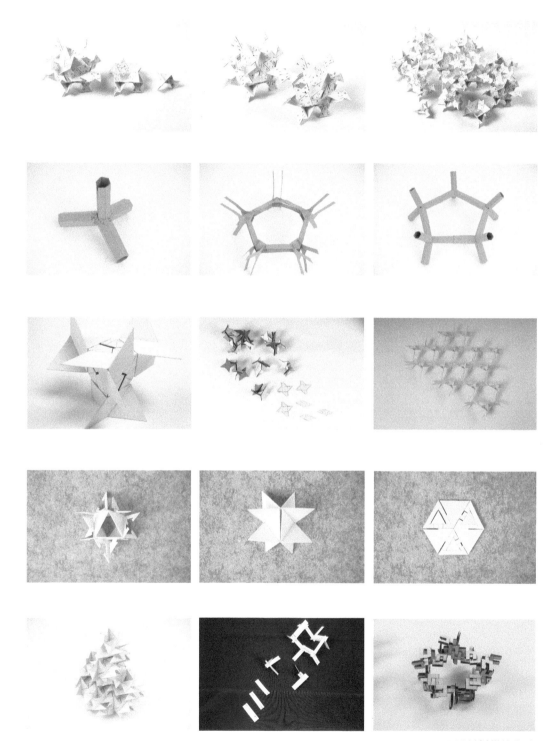

不同材料搭接实验

不同材料和几何关系实验

拼装过程

批量切割后拼接

草模实验

第 4 章

类型与作品

结构设计需要用具体的空间形态来呈现，空间形态需要用几何的语言来表达。从艺术设计到结构搭建，我们在实践中探索着这种结构的几何特性和秩序美感。我们已经在实验中搭建了具有丰富几何形态的结构模型，包括四面体、六面体、八面体和十二面体等几何形态。这些不同类型的几何形态具有各异的空间特性和形式美感，为结构设计引入了非常大的自由度。丰富的几何形态可以大大扩展结构的应用范围和可能，这种自由度意味着我们可以很容易地搭建出功能多样的结构和建筑。

我们根据每个模型结构基元的几何形态构成，将结构模型分成四个主要类型：四面体结构、六面体结构、混合型结构和十二面体结构。对于四面体结构、六面体结构和十二面体结构，其几何形态是非常明确的。而混合型结构的空间几何形态则要复杂一些，通常是几种几何形态的复合，因此称之为混合型结构。结构基元的几何形态有单一的和多样的，单一几何形态的结构基元较早就在组合层级中呈现明确的周期性，而多样几何形态的结构基元则需要经过多层级的组合才能显现其周期性。目前在我们的实验模型中，只有十二面体结构无法在空间中首尾相连。每种几何形态的结构具有其独特的对称性、周期性和空间秩序。这些丰富的几何特性是我们设计中所关注的，也是我们的结构所具有的独特个性。

四面体几何结构

六面体几何结构

混合型几何结构

十二面体几何结构

4.1　四面体几何结构

作品一　叶政男

正四面体是立体几何中最简单的正多面体，它的每个面都是正三角形，具有很高的稳定性。作品一的模型呈现出一个非常明确的正四面体的几何形态。最后搭建形成的两种完全约束的结构形式体现了非常强的周期性特点，且具有旋转对称性和镜像对称性。比较有趣的是，这个结构的单件只采用了一种单片。结构的基本单元由六个这样的单件组成，四个基本单元组成一个结构基元，这个结构基元是完全约束的。这个单片的设计是我们多次推敲的结果，最初我们设定这个结构在空间中的几何形态是一个正四面体，经建模验证，它可以在空间中首尾相连、共面延伸，这意味着这个几何关系可以形成闭合。我们据此将单片设计为一个底角为60°的等腰梯形。通过在单片上设计卡槽，可以实现基本单元的闭合，但是这个基本单元无法在第二层级的组合单元中互相卡接。这是由于单片的厚度会让模型卡接产生误差。我们经过反复推敲，改进连接处的节点设计，使得基本单元可以在后面的组合单元中不断复制连接，形成一个完全约束的稳定结构。这个结构中，三个基本单元构成第二层级的组合单元，第二层级的组合单元在空间中已经呈现出明确的周期性，所以它

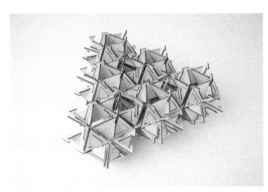

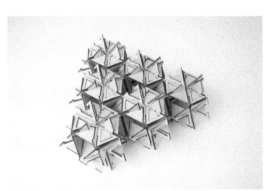

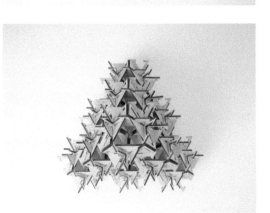

组合方式一　　　　　　　　　　　　　　　　　组合方式二

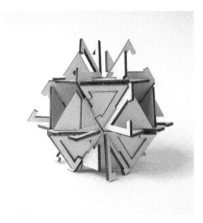

结构基元

组合方式一

结构基元

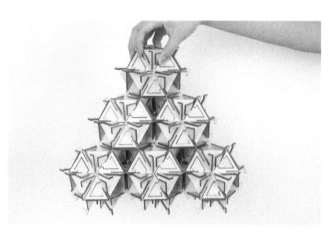

组合方式二

就是这个结构的结构基元。由于这个结构的结构基元在第二层级就已经显现，所以这是几何关系和周期性尤其明确的一个结构。同时，这个结构所呈现的空间形态的密度较高，所以形成的空隙较小。

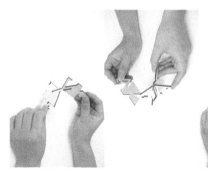

拼接过程

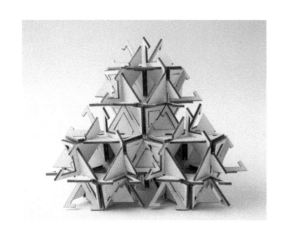
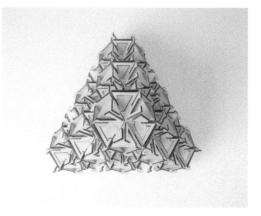

组合方式一

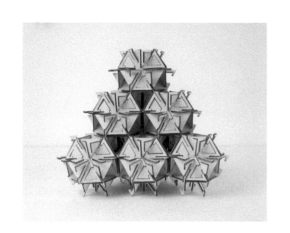
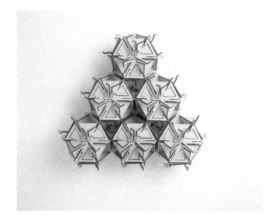

组合方式二

这个完全约束的结构设计非常精简纯粹,不需要胶水就可以卡接,只用了一种单片(这个模型中的单片即单件)就将这个模型搭建起来,也没有增加任何连接器。但正因如此,搭建中单元的互相卡接就变得不轻松了,为此我们特意选择了木板这种具有一定弹性的材料。如果选择弹性模量高的材料,那么这个结构的搭建就可能变得非常困难。

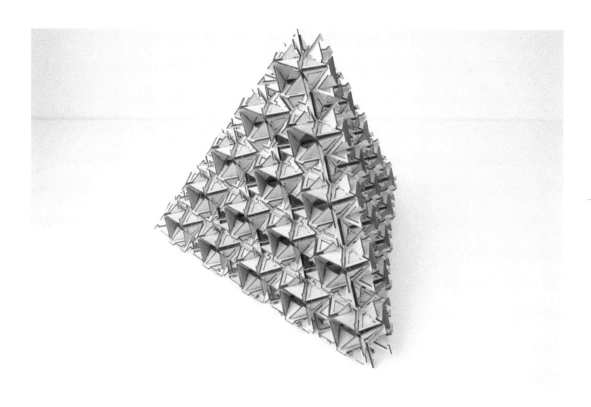

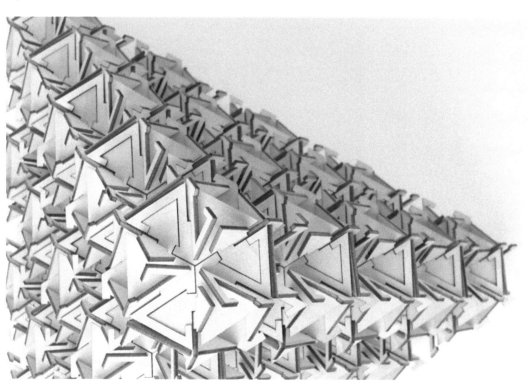

模型效果

模型效果

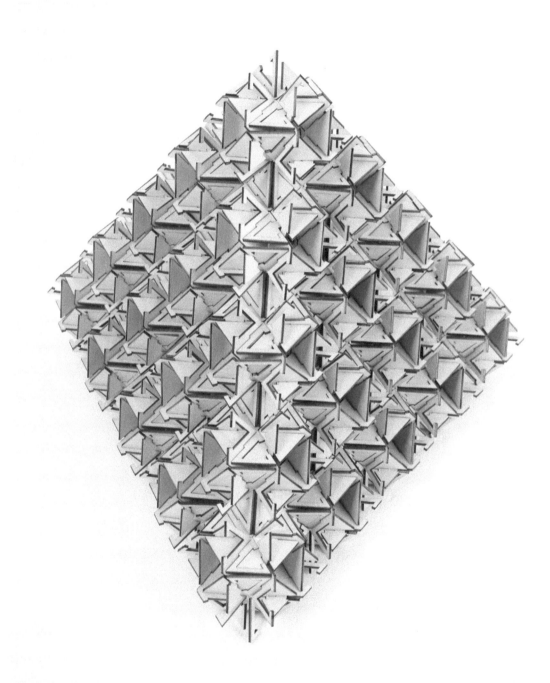

模型效果

作品二　骆晟

这个模型在空间中堆叠的几何形态也是正四面体。这个结构的单片有三种：菱形、等边三角形以及顶角为 120° 的等腰三角形。这三个单片形成一个单件，等边三角形和等腰三角形在这个结构中承担连接功能，就如同榫卯中的榫头一般，而菱形中镂空的等边三角形部分就像槽一样，可以和凸出的等边三角形卡接，然后在空间中延展。这个结构的基本单元由三个单件构成，基本单元在空间中的几何形态是一个正四面体，第二层级的组合单元由四个基本单元互相插接在空间中形成一个完全约束的正四面体。第二层级的组合单元在空间中已经呈现周期性，所以这个结构第二层级的组合单元也就是这个结构的结构基元。由于这个结构第一层级和第二层级的空间几何形态都是正四面体，所以这也是一个具有较高稳定性的结构。此外，这个结构的基本单元和组合单元都具有旋转对称性和镜像对称性。

模型细节效果

第三层级的组合单元

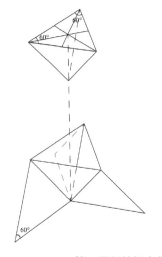

第二层级的组合单元

结构基元

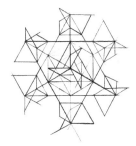

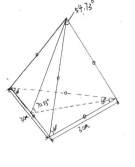

几何形态

模型推敲过程

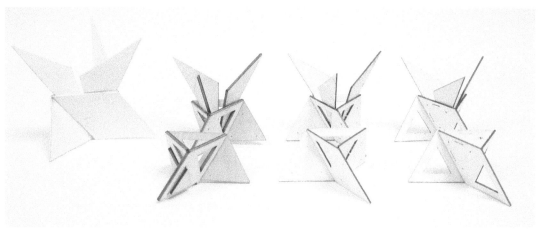

基本单元形态

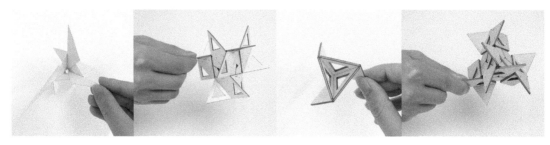

模型效果

　　这个结构搭建体量较小，主要受制于搭建过程中产生的误差。误差一方面来源于没有精确计算材料的厚度，另一方面来源于单片粘贴。搭建过程中误差逐渐积累，导致单元的卡接变得困难，这就限制了结构搭建的体量。同时，基本单元各顶角的应力集中，会降低模型的强度。结构的单件和基本单元部分使用了胶水，但事实上这完全可以通过改进节点和连接器的设计来解决。实验发现，不同材料对结构的稳定性、重量和美观度都有很大的影响。为了减少误差，我们特意选用较轻薄的卡纸。事实上，如果能够把材料的厚度计算好，完全可以用其他更坚硬的材料。

模型效果

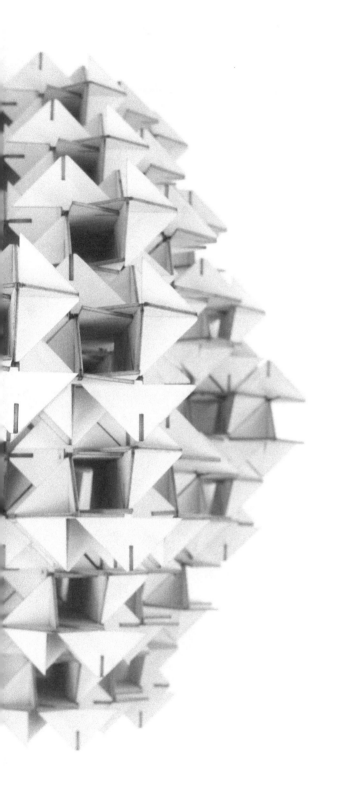

4.2 六面体几何结构

作品三 陈法蓉

这个结构的单件只包含一个单片，设计比较精简。结构的基本单元由三个等腰直角三角形的单件构成，为了不使用胶水，我们尝试在单件上增加节点设计，让单件之间能够互相卡接。基本单元在空间中的几何形态是一个四面体，这个四面体的底面是等边三角形，其他三个面均是等腰直角三角形。这个结构的基本单元有两种类型，一种为顺时针插接，另一种为逆时针插接。第二层级的组合单元包含两个顺时针插接的基本单元和两个逆时针插接的基本单元。基本单元旋转平移形成第二层级的组合单元，第二层级的组合单元旋转180°后可以闭合成第三层级的组合单元。由于第三层级的组合单元在空间中呈现出周期性的闭合延展方式，所以这个结构的结构基元就是第三层级的组合单元。结构基元在空间中的几何形态是以正六面体的形式发展的。

模型效果

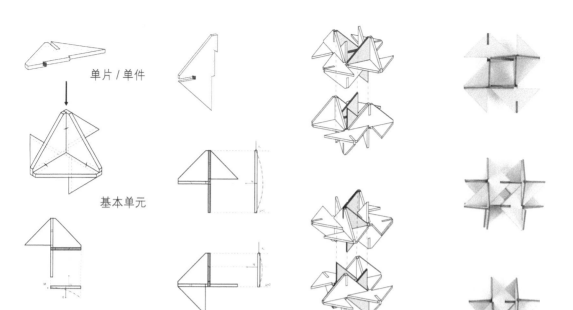

单片 / 单件

基本单元

对称插接

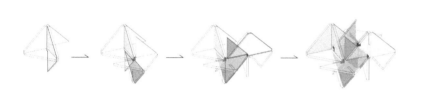

第二层级的组合单元

模型效果

模型效果

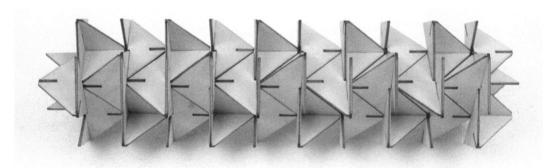

　　这个结构的设计只用了一种单片，这使得结构插接较为轻松，容易操作。模型搭建过程中产生的误差较小，但由于结构形成空间形态的密度较高，所以耗费的木板材料也较多。这个模型可以在水平方向上不断延展，形成像桥一样的结构形态，也可以在垂直方向上延伸组合。由于这个结构在第二层级的组合单元实体搭接过程中使用了胶水，所以我们提议修改节点或者增加连接器，在后期的模型推导设计时增加一个 L 形连接片，以此来固定四个基本单元，增加这个结构的强度和稳定性。

模型效果

作品四　周意易

这个模型在空间中呈现出一个矩阵形态的立方体，这是一种完全约束且具备旋转对称性和镜像对称性的周期性结构。这个结构的基本单元由三个不同的单件插接而成，在空间中构成长方体的几何形态。每个单件由一个单片构成，在单片上对节点设计进行优化，以此简化单件的形式和数量。四个基本单元构成第二层级的组合单元，第二层级的组合单元在空间中旋转 180° 后能够与之插接，合成第三层级的组合单元，即这个结构的基元，结构的闭合扩展已经形成了明确的周期性。

　　这个结构的搭建较为轻松，节点设计参考了传统的榫卯方式中较为简单的直角榫，而且充分考虑了木材的厚度。因此，结构的插接简单明确，造型美观。一开始我们选用卡纸作为实验材料，但是卡纸比较柔软，抗压性弱，稳定性和强度较差，也容易发生弯曲。于是，我们改用强度较好的木材作为结构搭建的材料。木材是一种力学各向异性的材料，质量轻而强度高，能够兼顾重量和强度的性能。根据施加应力的方式和方向的不同，它有顺纹抗拉抗压、横纹抗压以及抗弯等特点。横纹木材在垂直于其纹理方向上的抗拉能力较低，因此在搭建过程中特别容易折断，尤其是在比较脆弱的节点处，所以我们尽量选用顺纹的木材。

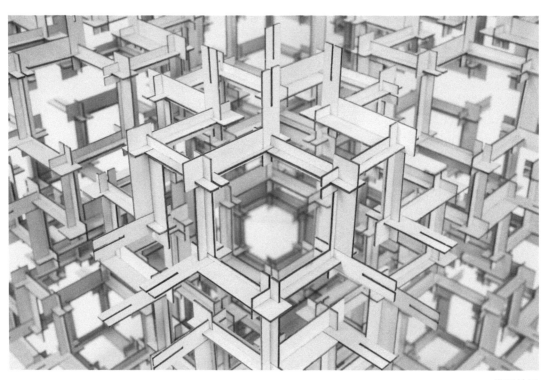

模型效果

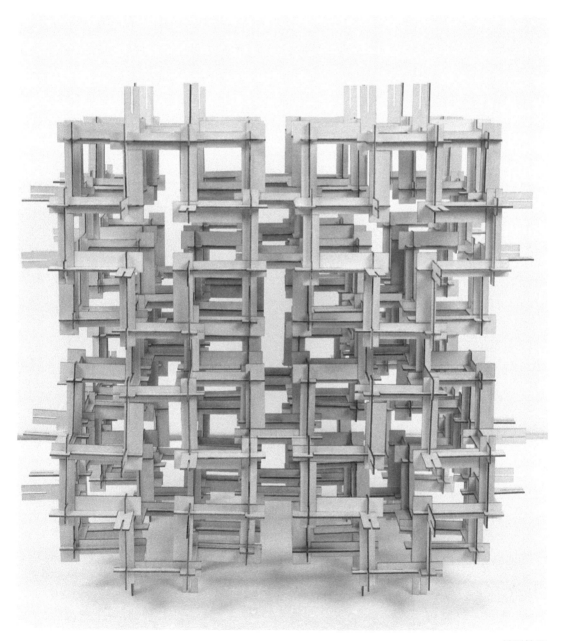

模型效果

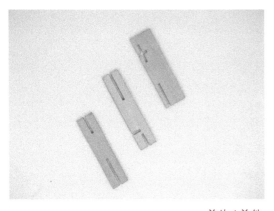

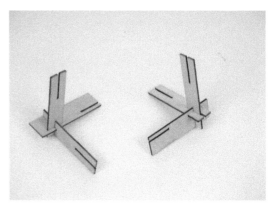

单片／单件 基本单元

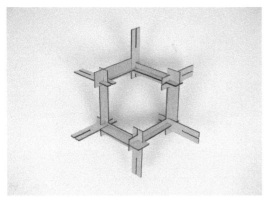

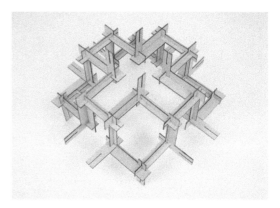

第一层级的组合单元 第二层级的组合单元

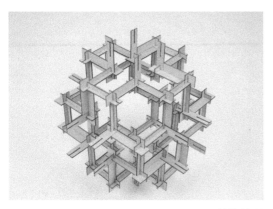

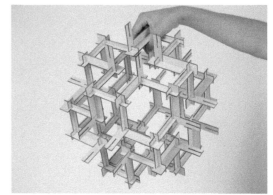

结构基元 提拿效果

这个结构具有几个明显的优势：结构搭建过程中完全没有使用胶水；结构只用了三个单件，单件设计简约，节点设计合理，搭建方式简单易操作；搭建过程产生误差较小，稳定性较高；结构所形成的空间形态明确，容易在实际应用中实现。

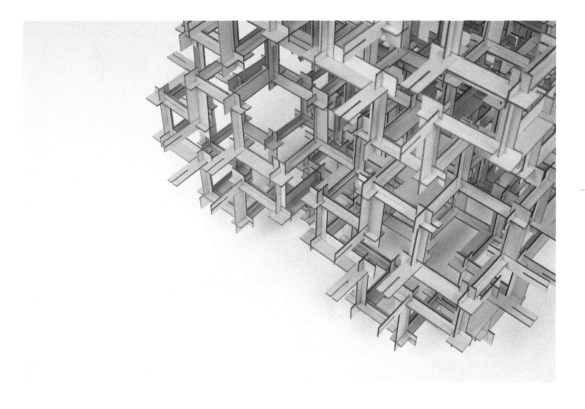

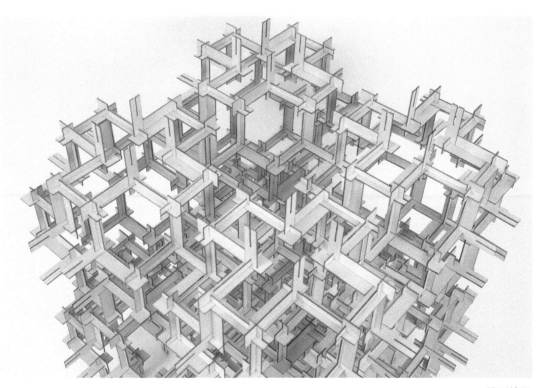

模型效果

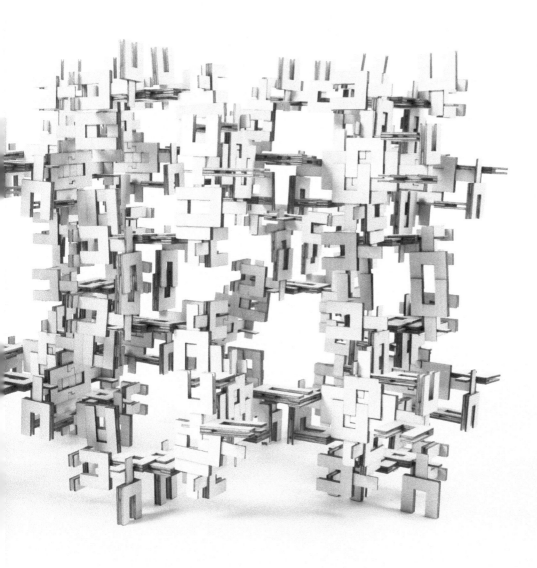

作品五　范诗意

这个结构也在空间中呈现明确的周期性，并且同时具备旋转对称性和平移对称性。最初，这个结构的最基本部分是由两种形式的木片叠加而成的。为了达到更高的结构强度和稳定性，我们在实验过程中逐渐做了一些调整，前后总共设计了八个不同尺寸的单片，粘贴成七个单件，七个单件又可以组合成八种基本单元。这个结构的空间发展是比较复杂的。八种基本单元在空间第二层级的组合单元有四种类型，四种第二层级的组合单元可以构成两个第三层级的组合单元，后者两两插接可以构成结构基元。无论是基本单元还是后面的组合单元，在空间中呈现的都是正六面体的几何形态，相同的正六面体在空间中比较容易首尾相连、闭合循环，因此不少同学都选择了正六面体作为这项结构设计的基础几何形态。

但是，由于这个结构的单片和单件过多，且在单片组合成单件以及单件组合成基础单元过程中都使用了胶水，所以组装起来并不便捷。我们建议尽可能简化模型的单件和单片，并且减少它们在基础单元中的数量。此外，这个结构搭到一定规模就会发生弯曲，结构的稳定性就会降低，强度也会变弱。

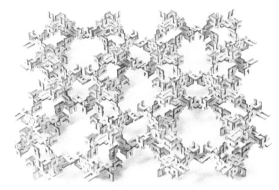

模型效果

单片

单件

基本单元

第二层级的组合单元

第三层级的组合单元

结构基元

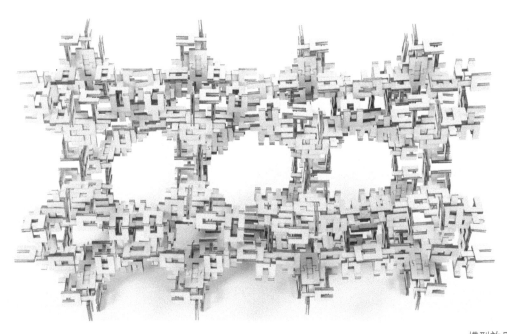

模型效果

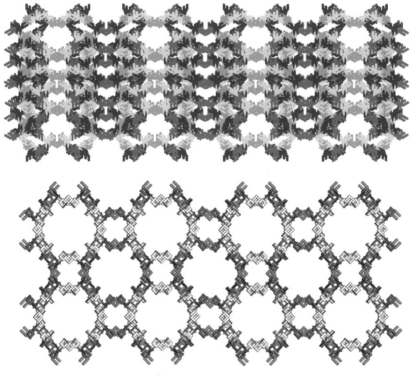

结构周期性

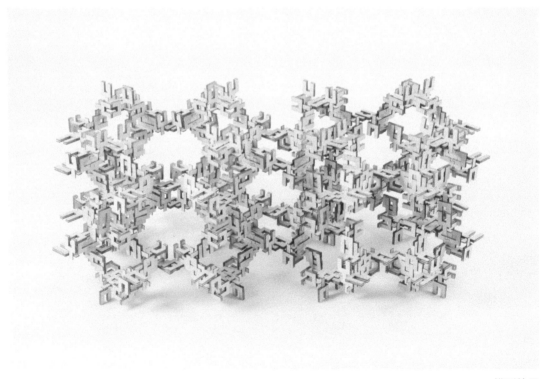

模型效果

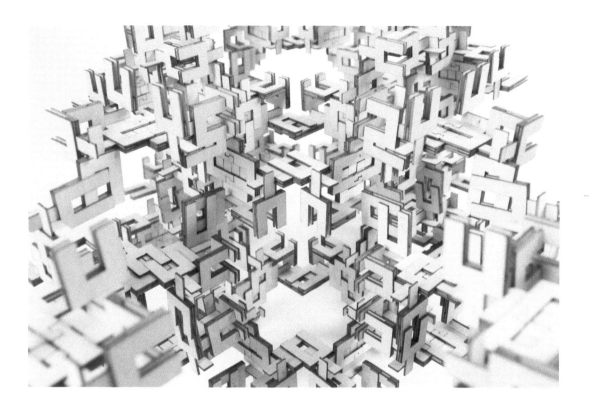

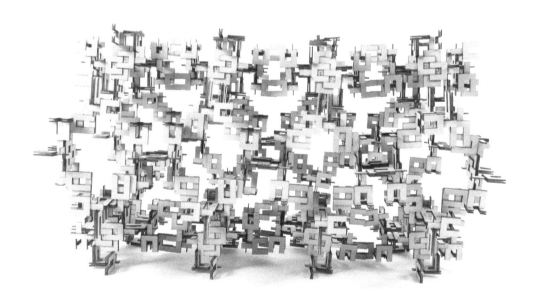

模型效果

作品六 施越

这个结构只有一种类型的单片，三个单片叠合形成一个单件。结构的基本单元由三个单件以 90° 夹角相互交错组合而成，形成第一层级的空间结构。可以想象，采用四个这样的基本单元能够在空间上形成闭合，也就构成了结构第二层级的组合单元。

由于基本单元的单件之间以 90° 夹角相互交错构成，结构在空间上发展的几何关系也会保持这样的直角关系。

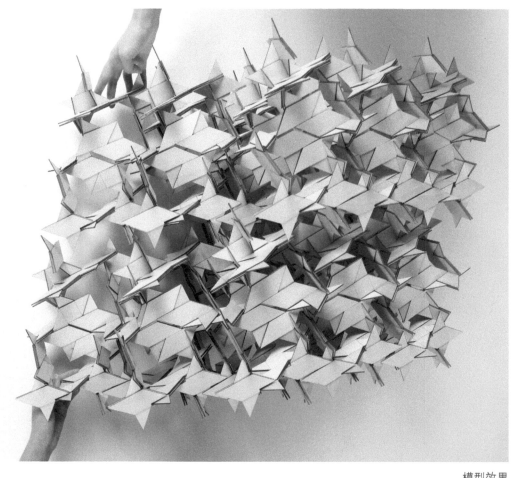

模型效果

单片

基本单元

第一层级的组合单元

第二层级的组合单元　　　　　　　　第三层级的组合单元

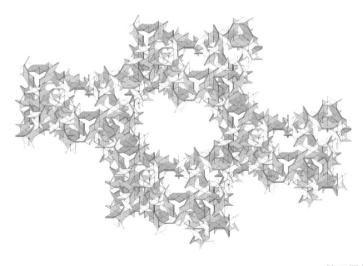

第四层级的组合单元

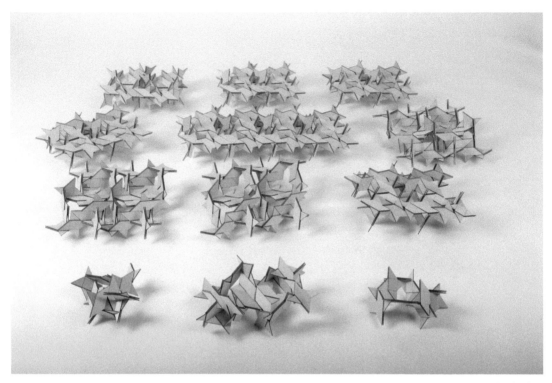

组合单元

第三层级的组合单元

模型效果

结构的几何语言

模型效果

提拿效果

作品七　陈玫宏

这个结构采用了两种单片，一种是长方形木片，另一种是带尖角的木片。将这两种单片垂直叠合在一起，就构成了这个结构的两个单件。两个单件之间在空间上以 90° 角垂直交错组合，便形成了具有空间结构的基本单元。然后，六个基本单元在空间上形成闭合，在空间中构成第二层级的组合单元。这个结构的第二层级有三种不同的闭合，可以构成三种形态的组合单元。当这个结构在空间上继续搭建时，结构可以在空间中不断闭合延展。第二层级的组合单元在结构延展过程中呈现出周期性排列的几何形态。因此，在这个结构中，第二层级的组合单元就是结构基元。基本单元中单件之间 90° 夹角的几何关系在结构的组合单元中得到保持，因此结构整体呈现出六面体的几何形态。这种结构基元在空间中三个方向上的扩展是比较一致的，形成很有规律的周期性排列，而且结构的对称性也非常明确。结构单元间相对简单的几何关系可以使结构搭建变得简单，同时对于结构的实际应用是有利的。

模型效果

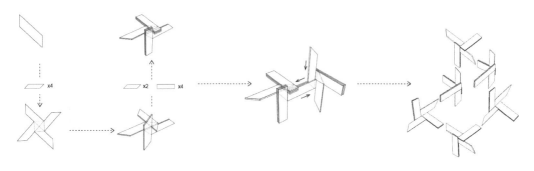

第一层级的组合单元的构成（类型一）

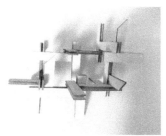  

三种形态的组合单元

　　这个结构的单件是用单片以胶水粘贴形成的，这种方式是我们在设计中不推荐的。实际上，可以通过优化单片和节点设计来构成结构的单件。

模型效果

模型效果

模型效果

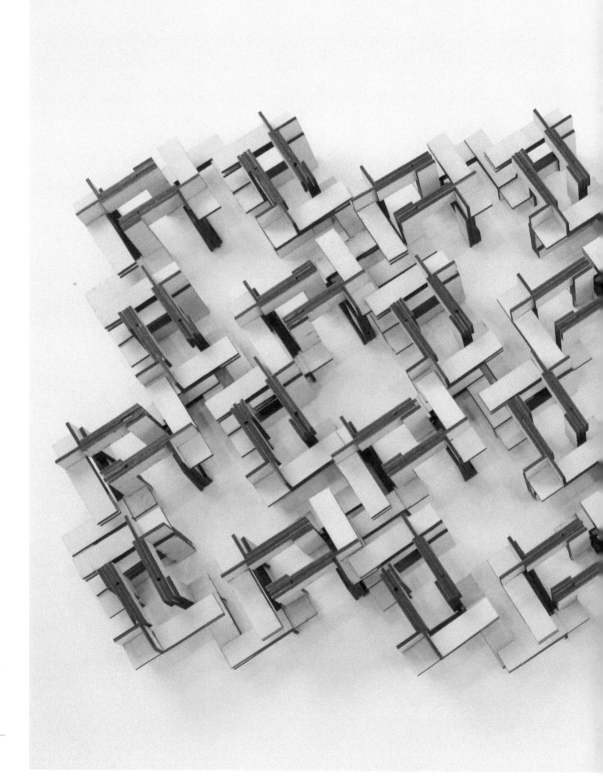

作品八　沈铂骐

这个结构的单片设计比较简约，只采用了一种长方形单片。三个长方形单片叠合在一起，形成结构的单件，用胶水粘贴固定。结构的基本单元由两个单件在空间上以 90° 角垂直交错组合而成。将六个基本单元组合在一起，闭合后在空间中构成第二层级的组合单元。基本单元之间也保持了直角关系，这使得结构的整体呈现出六面体的几何形态。这个结构的组合单元在空间中继续组合，并不断闭合延展，使得组合单元在空间中呈周期性排列。因此，这个组合单元就是这个结构的结构基元。

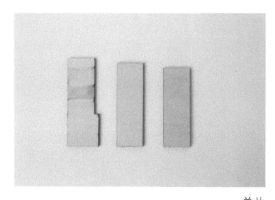

单片

基本单元

模型效果

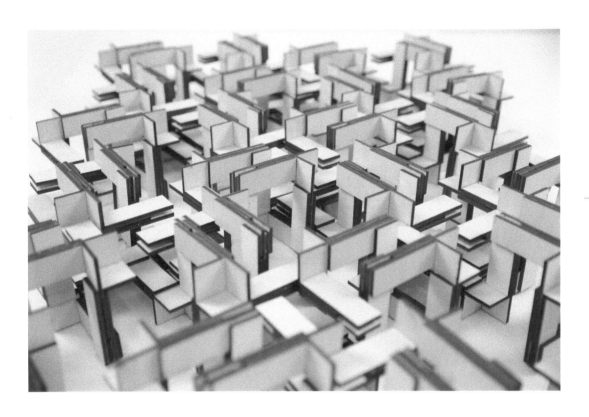

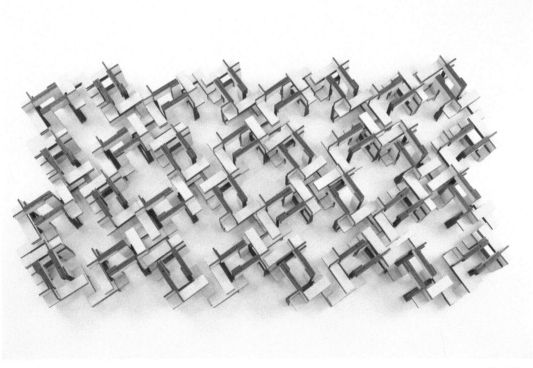

模型效果

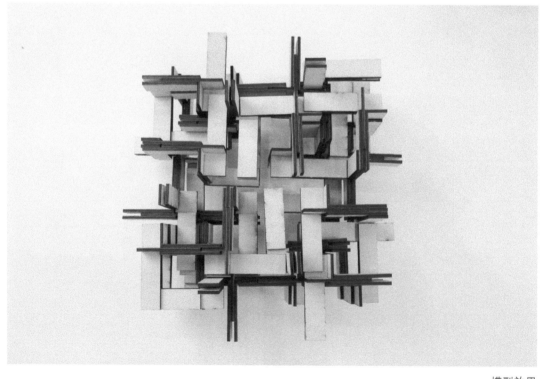

模型效果

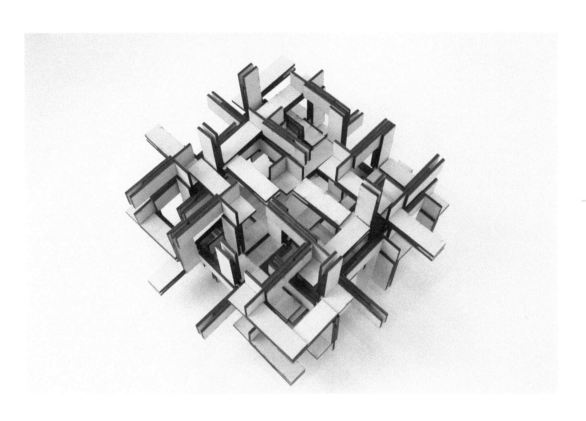

模型效果

4.3　混合型几何结构

作品九　张杰妮

这个模型最终呈现的是一个不断闭合且无限延伸的稳定结构。根据同一个基本单元探索出了三种完全约束的空间搭建形式，这三种形式都具备旋转对称性、镜像对称性和周期性。这个结构采用三个单片作为结构的单件，以此粘贴成一个基本单元。在模型实验初期，我们用等边三角形作为单片，通过粘贴形成单件，三个单件形成第一个闭合循环，即基本单元，并在空间中呈现出一个三棱锥的几何形态。但是由等边三角形构建的这个基本单元以这样的插接方式组合是无法在后面的层级中形成闭合的。经过反复实验和计算，我们确定，这个结构的第二层级闭合单元是建立在一个四棱锥的几何关系上的。但是如果要让这个几何形体在空间中复制且共面，我们就要确定这个四棱锥各个棱所形成的夹角大小，最后计算得出这是一个底角约为 63.4° 的四棱锥。四棱锥可以在空间中组合成多种形式，并且具备非常高的稳定性，如同埃及金字塔一般。这种稳定性源于每个基本单元在空间维度上与其他单元相连接，从而形成有规律的空间几何形态。这个结构在几个层次上也都是模块化的。三个第二层级的组合单元形成一个更高层级的单元，并在空间中形成一个稳定的正三角形。在模型搭建和推演过程中，我们发现，虽然搭接方式相同，但是因为基本单元

三种空间搭建形式

三种空间搭建形式

单片　　　　单件

结构基元

基本单元　第二层级的组合单元　结构基元

旋转对称

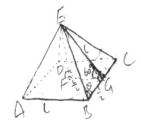

几何形态　第二层级的组合单元闭合形态

设 *AB* 为 *L*, *ABCD* 为正方形，

∠*FEG*=30°, *FG*=*L*/2

EG=1/2sin30°=*L*

FG=*L*/2 , tan∠*EBG*=*L*/(*L*/2)=2

∴∠*EBC*=arctan(2) ≈ 63.4°

角度计算

拼接过程

有多个扩展方向，因此在下一层级中单元与单元的连接位置可以不同，不同的连接位置就会形成不同的周期性闭合形式。这个结构在第四层级开始出现周期性排列，并且有三种排列形式，分别是四个单元形成循环、六个单元形成循环和八个单元形成循环。这种周期性的几何形态使得结构在空间中呈现出非常有秩序的美感。

　　但是，这个结构在单件设计和基本单元中使用胶水粘贴，这是我们不建议的。我们希望用单片、单件、节点和连接器的设计去解决结构的搭建连接问题。

模型效果（类型一）

模型效果（类型二）

模型效果（类型三）

模型效果

模型效果

作品十 毕宏飞

这个结构的基本单元包含三个单件，每个单件由三个单片构成。单片之间相互卡接就可以形成基本单元，单件之间夹角60°，形成正三角形。这种构型可以使基本单元具有旋转对称性。单件之间的卡接可实现互相之间的完全约束，而且单件之间卡接方向不同时，可以形成两种不同的基本单元。基本单元采用不同搭建方式，形成不同形式的组合单元，这在某种程度上可以丰富结构的形态和搭建方式，增加空间复杂性。但是，我们希望结构尽量形式明确，搭建简单，因此通常建议比较单纯的基本单元。这个结构的基本单元也可以进行横向插接，形成线性延展的结构，这有点类似中国传统木作中的榫卯和杠杆。结构的四个基本单元可以形成封闭的六面体，这个六面体在空间上周期复现，因此是结构基元。这个结构的对称性是比较明显的，包括旋转对称性和镜像对称性。

　　单件的卡接方式会使实际搭建遇到困难，材料选择也会受限。对于强度较大的材料，可能会出现难以卡接的情况。

基本单元

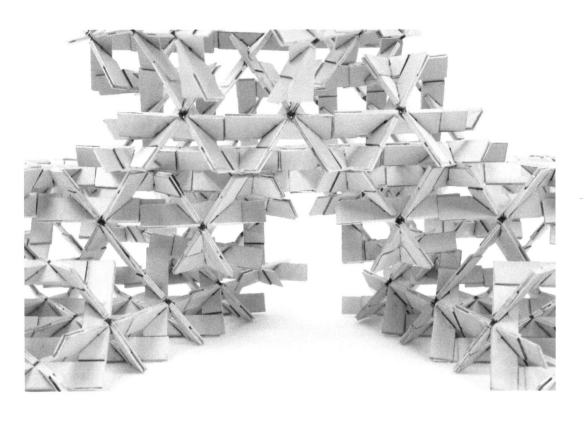

模型效果

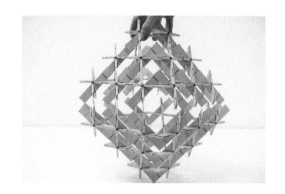 

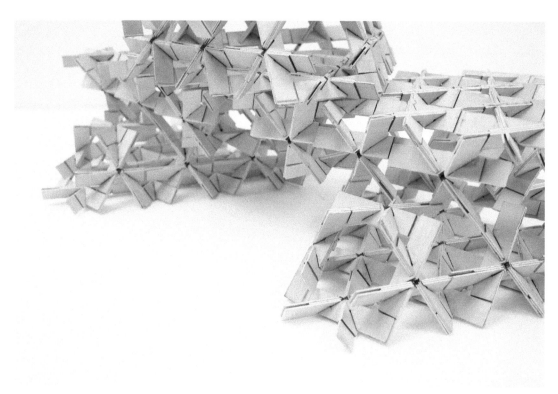

模型效果

模型效果

作品十一　李昱娴

混合型几何模型的设计略显复杂，每个单件由六种单片组成，单件可以简化为一个四面体。其中，每两种单片组成四面体的一个面，一种单片作为主要的面的形状，另一种单片或起定位或连接其他单件／基本单元的作用。四面体的每两个面之间的角度并不是随意设计的，而需要仔细的计算，这样在更大的空间中才会有更复杂和更准确的连接方式。

　　六个相同的单件首尾相连可以组成第一层级的组合单元，第一层级的组合单元形似一个正六边形的环。其中，正六边形环上每两个面之间的角度是由单件的设计决定的。由于在单件设计过程中并未考虑第二层级的组合单元的连接方式，因此特意设计了两种独特的连接器，用于将第一层级的组合单元连接成第二层级的组合单元。这两种连接器分别由四种单片粘贴在第一层级的组合单元上组合而成。此时，三个第一层级的组合单元相互之间由环上的一条边共面连接组成第二层级的组合单元，即模型的结构基元。结构基元要求三个第一层级的组合单元相互连接的方式为其一个面的共面连接。在结构基元中，各个单件为完全约束，而第一层级的组合单元相互之间需要在空间中形成共面关系，这就完全确定了单件之间各个角度的关系。依托于三维设计软件，还有更简单的设计方法：先在空间中将能形成共面关系的六棱锥设计出来，再测量其角度；三个六棱锥共面相连后的投影为等边三角形，即沿着六棱锥底面的对角线作一个垂直的平面，则六棱锥在这个平面上的投影为等边三角形；再测量和计算这个六棱锥的面两两之间的角度，即可得到每个单件两两之间的角度关系。

模型效果

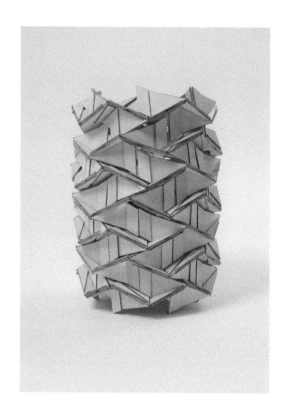

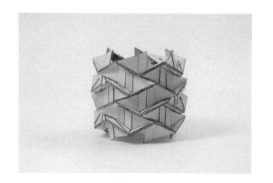

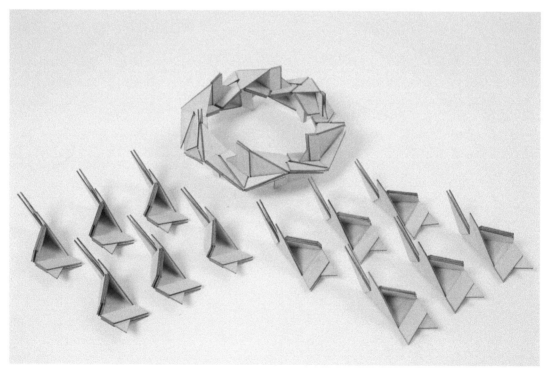

模型效果

模型效果

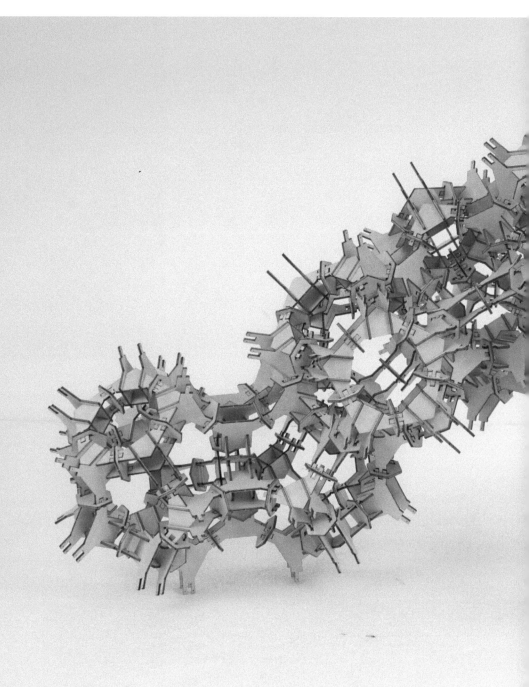

4.3 十二面体几何结构

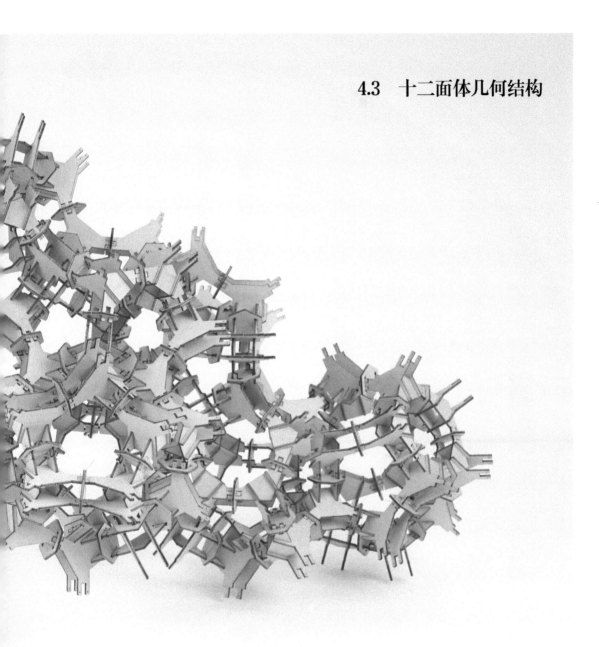

作品十二 季思婕

这个模型和其他模型有较大差别。模型设计初期，我们使用正十二面体在空间中堆叠，但是发现正十二面体无法在空间中首尾相连、闭合循环。正十二面体的每个面都是正五边形，它的每个内角都是108°。如果我们将正十二面体展开，它在平面中无法不留任何空隙地铺满平面。这从几何学的角度解释了这个结构无法在空间中形成闭合的原因。这个结构最终只能在空间中形成有规律的延展形式，而无法形成完全约束的闭合结构。事实上，这个结构因为在空间中不能形成闭合的周期性结构，所以并不符合我们所提出的设计原则。这个结构设计中有五种单片形式，四个单片形成一个基本单元，结构基元就是正十二面体，但是这个基元不能够只靠自身连接，在空间中需要增加部分单片。

这个结构的搭建也没有用到胶水，而是使用了连接器。为了使结构更加稳定，我们还在单片上增加了一些小孔，可以穿插鱼线，以此来加固这个结构。

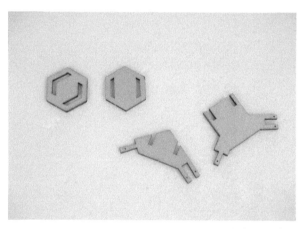

连接器和单件

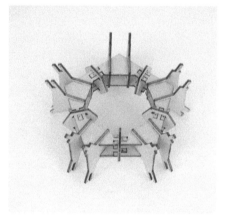

第一层级的组合单元

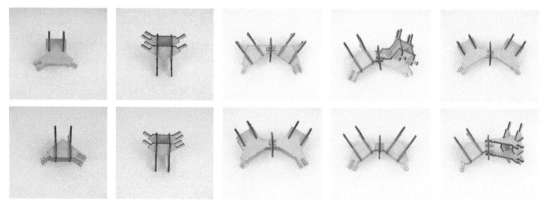

模型拼接

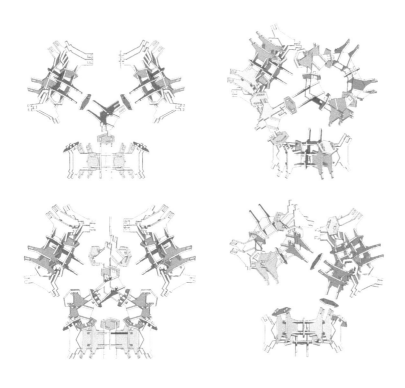

模型拼接

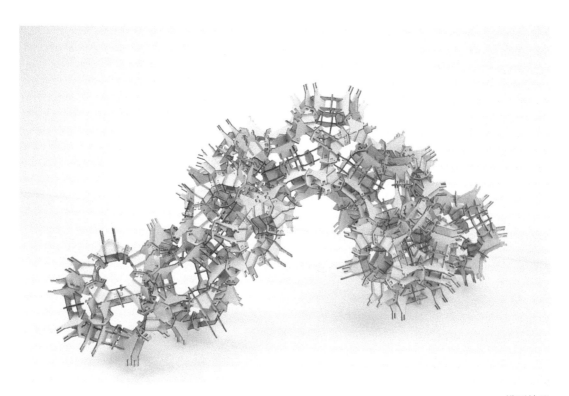

模型效果

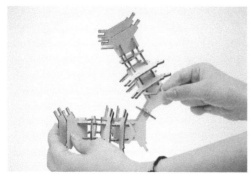
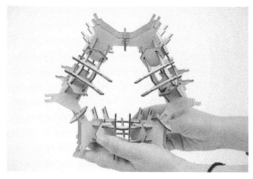

组合单元插接   组合单元插接

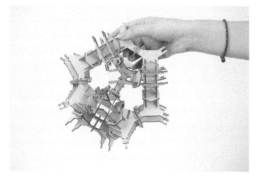
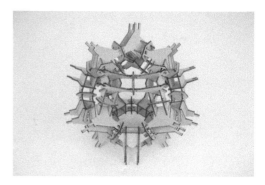

提拿效果   结构基元

模型效果

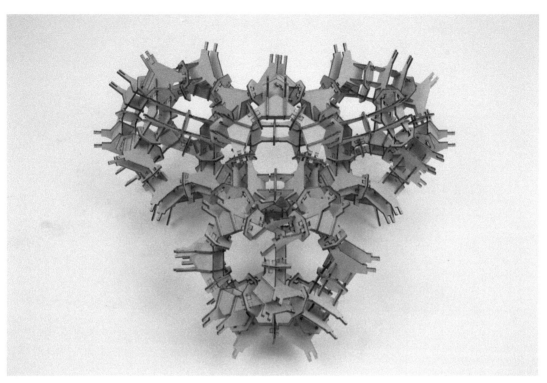

组合方式一

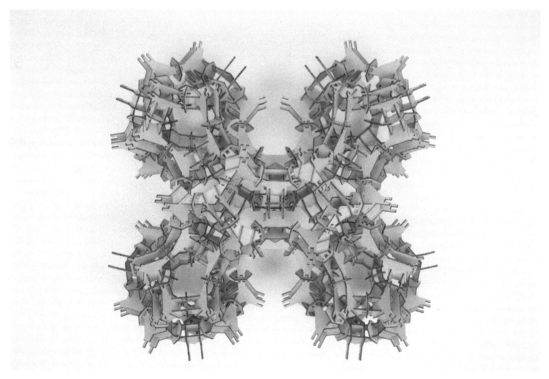

组合方式二

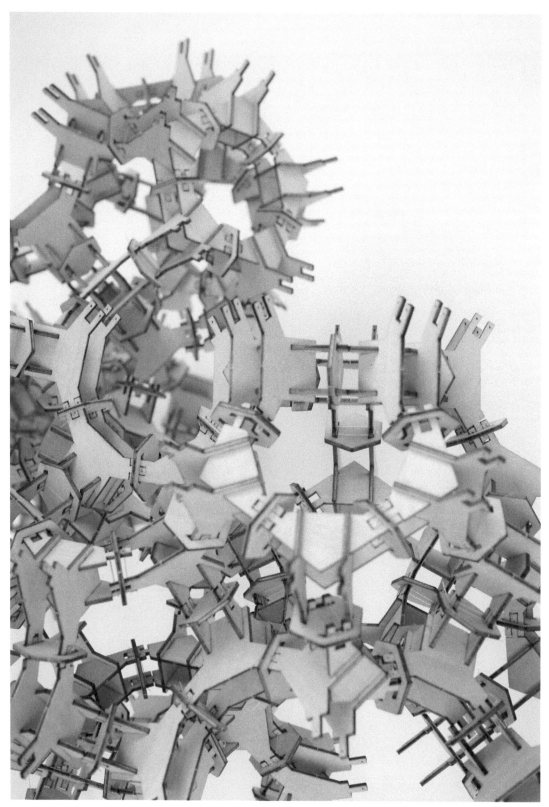

模型效果

模型效果

第 5 章

应用场景探索

我们已经探讨了这种结构设计的基本概念和设计原则，呈现了按照这些基本原则设计的作品。经过长时间结构模型设计和搭建经验积累，我们对这类结构的现实应用也进行了许多思考、探索和尝试。结构的实际应用不同于开放性的设计与探索，需要兼顾力学与美学两个方面，综合考虑结构的材质、稳定性、受力情况等特点。针对不同的应用需求，通常需要对结构进行相应调整，改变部分单片、单件乃至结构基元，有必要时可以增加连接器。当结构作为外立面或装饰时，需要考虑设计的美观程度和完整程度；当结构作为建筑的承重部件时，则需要对结构进行受力分析，充分考虑受力情况。

如果说设计结构是技术创新工作，那么搭建结构的过程就是改进结构和深度优化结构的工作。对于应用实践，我们不得不考虑多个层面的因素。首先，结构设计需要寻求一种相对经济的方式，一旦材料和搭建变得非常昂贵甚至难以负担，应用的可能性就会大大降低。其次，我们需要在实践中具体分析结构的受力情况、材料选择和材料特性，以便调整和优化结构的受力方式，减轻结构重量，并计算结构的强度和稳定性。另外，还要考虑结构的搭建和建造是否便利，建造时长需要多久。如果搭建过于复杂、难以操作，建造时间成本过于高昂，那么就会降低搭建的效率，且违背了我们希望一些非专业人士也可以参与到搭建当中的初衷。从结构设计到结构实践是一个漫长而又令人兴奋和期待的过程。为了能够在实际建造中发挥结构的特点，达到使用结构的目的，我们也在不断地改进和完善我们的结构。

建筑是一门关于空间的艺术。我们的结构具有明显的几何特性，将它应用于实际建筑搭建会赋予空间一种特殊的几何美感。这种几何美感不局限为某种抽象的讨论，而是可以在各种应用中切实地体现出来。目前，我们设想了一些可能的应用场景，包括家具、亭子、教堂、楼宇、城市公共空间、景观空间等。

应用构想

5.1 家　具

在思考结构的实际使用场景时，我们首先想到的是家具，因为家具设计的尺度通常较小，比较容易用我们的结构去进行实验性搭建。目前而言，家具设计的创新往往与功能、材料、工艺和结构的创新密切相关，而结构的创新可以打破传统家具形式，带来新颖的家具设计和搭建方式。我们希望将结构的科学性和艺术性相结合，使家具设计具有更强的结构艺术风格，并且能够循环高效利用，产生多种组合方式。同时，我们的结构具有非常强的定制能力，可以让用户深度参与到家具的设计当中；搭建也特别容易，用户拿到结构的构件后，可以非常方便地自行组装。

为了方便起见，我们在家具搭建实验中采用椴木层板这种材料，尝试搭建沙发和桌子。这样的家具不但非常便于搭建，结构新颖美观，而且容易拆卸和修复。由于我们的结构采用了非常简单的单件，可以很方便地进行替换，用户甚至可以根据自己的喜好进行不同组合形式的搭建，这大大增加了家具使用的乐趣。在现实应用当中，设计符合人体工学的家具要详细考虑和设计家具的尺度、比例、材料及形态。此处，我们只是为了展示我们的结构在家具设计中的应用，所以没有呈现详细的比例设计和力学分析。

家具应用

5.2 亭 子

这个结构设计，起初是想作为城市中的公共景观，类似亭子这种建筑。亭子既是供人休息、观景的场所，也是一种较为普遍的景观建筑，因此需要兼顾实用性和美观性。我们通常见到的亭子，其外观大体相同，基本上是以伞状为主体，数百年以来并无大的变化。我们尝试运用新的结构设计，从外观上对亭子进行创新，赋予亭子新的外形。不同于传统的亭子，我们的亭子可以快速搭建、用完即拆、循环利用、迅速修复。

我们尝试用三个相同的单件构造成一个空间三角形结构，三角形三条边的延长线分别向空间中的不同方向延伸，而连接点就设置在延长线上，这样可以在空间中拓展方向。结构整体由一种一模一样的单件构成，单件由三个单片组成，结构简单，容易生产和替换。当然，这个结构的应用范围远不止是建造一个亭子或一处景观。它其实可以用于建筑建造中的顶部设计，甚至可以直接用作承重结构。用这个结构建造的建筑具有非常独特的几何外形和内部空间。从结构的外观上看，这种空间锐角和尖顶有点类似建筑师贝聿铭先生曾经常采用的设计风格。这个设计显示出极大的对比和反差，犹如从地表生长出的春笋，喷薄出强大的生命力。

因此，我们有理由相信，我们的结构能为今后的结构设计与建筑搭建带来一种全新的可能和想象。

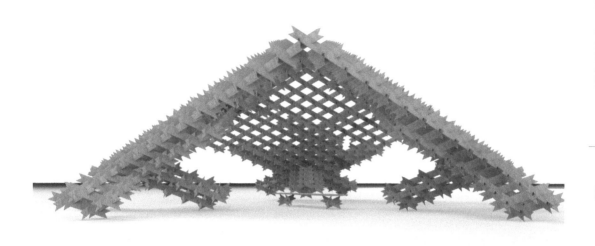

亭子正视图

亭子侧视图

5.3 教　堂

从古至今，教堂一直都是一种承载特殊文化和功能的建筑。教堂的设计和建造需要营造一种庄严肃穆、神圣安宁的空间体验。我们在欧洲旅行时，无论是在英国、法国还是在意大利，所见到的教堂建筑通常都遵从比较古典正统的设计风格，而采用我们的结构所建造的教堂则将赋予人们非常独特的空间感受。

这个教堂搭建所采用的结构为正四面体结构，结构的基础原型是正四面体。正四面体所形成的结构基础构件较为简单，在实际应用中有利于施工建造，节省建筑材料。在结构的受力方面，三角形在所有的形状中稳定性最佳，正四面体结构的四个面均为正三角形，因此这个结构符合完全约束的条件。由于结构采用了棱角非常分明的单件，身处这个教堂空间中的人能够感受到非常强烈的视觉冲击。这种棱角分明的设计在安东尼奥·高迪的作品中曾经初露锋芒，特别是在圣家族大教堂的建筑风格中已展现出一种独特的光影效果。由于我们的结构具有独特的周期性，空间中不断复现的结构给整个教堂的内部空间环境带来极其丰富的光影变化。同时，这个教堂的外部形态呈现出一种完美的对称性，给人以宁静圣洁的感觉。这种充满空间节奏感的建筑在环境中勾勒出一个明晰的轮廓，具有非常强烈的视觉力量。

此外，采用我们的结构建造的教堂有一个优点在于建造非常便利。建筑师坂茂曾经建造过纸教堂的作品，其特点在于建造方便，特别适合在地震受灾地区搭建。但是这种纸建筑存在局限性——建筑的稳定性不易于保证。我们设计的教堂兼具建造快速和构造稳定两方面的优点。在东南亚地区或者日本这种自然灾害频发的地区，特别适合用来搭建临时性教堂，给受灾的民众带来心灵的慰藉。

教堂内部

教堂外部

5.4 楼 宇

　　楼宇是当今社会十分普遍的建筑形式，也是公众日常活动的区域。现代社会，在任何一个大城市中，大部分楼宇的建筑形式基本上是趋同的。一方面是由于楼宇的建造成本高昂，基本上由商业公司批量建造；另一方面是由于一般建筑设计师在设计楼宇时受制于客户需求，难以充分发挥创造力。通常而言，只有著名建筑设计师团队才能对建筑的具体设计有自由发挥的空间。

　　目前社会发展的趋势是提倡高效的、生态环保的建造方式，我们的结构提倡使用廉价可持续的材料，其意义就在于它能以装配式的建造方式搭建建筑，且建造周期短、施工便利，有可能更快速地解决人类居住问题。我们深刻地认识到，对于每一座建筑的建造，如果能够减少材料、能源和人力的消耗，那么将显著改善当下城市建设的状况。

　　我们构想这类六面体非常适合作为建筑结构，六面体的几何空间形式也是现在建筑设计中最常见的空间样式。我们尝试着将这类结构应用到住宅的设计和建造当中。住宅不同于一般功能性建筑，需要考虑到人对于居住的种种需求，从最基础的空间实用性、合理性，到建筑的艺术性、美观性需求，可以说这些需求对住宅建筑的设计都提出了非常严格的限制，也是建筑设计创新的一个方向。这个六面体结构由三种单片两两成 90° 相互插接而成。在这种结构所构建的建筑中，我们可以设置固定模块的房间、阳台、门窗、栏杆等。这些建筑的构件可以在工厂以标准化、模块化的方式批量生产，然后直接运送到现场进行装配和搭建，这种建造方式能够极大地提高建筑的建造效率。

　　值得注意的是，不单是这类六面体结构，其他几何形态的结构也可以用来搭建楼宇。只是考虑到目前最被普遍接受的楼宇建造形式，我们才展示了这种六面体形式的楼宇。

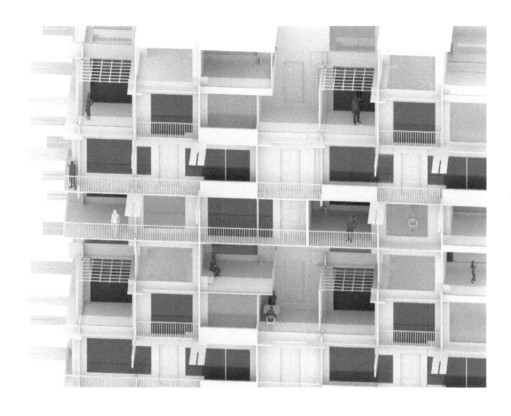

住宅建筑

5.5 城市公共空间

公共空间是现代城市的重要组成部分，不但可以为公众提供活动的场所，还可以搭配城市气质。当前的城市公共空间存在一些不足，例如空间利用率低，市民参与度低，过度追求规模和气派而忽视市民基本需求。城市公共空间设计应该以人为本，体现对人的关怀，为公众提供文化、休闲、娱乐等多层次、多含义、多功能的公共区域。它既是展现城市公共形象的重要窗口，也是城市人文价值和精神文化的重要物质载体，同样是集各种城市公共功能于一体的场所。作为城市公共空间设计的典范，威尼斯的圣马可广场就是这样的城市公共空间。它的空间环境多元丰富、功能多样，但又具有很高的完整性和统一性。城市公共空间设计的趋势应该是空间结构明确，组织有序，利用率高，功能多样完善，具有较高的识别度。

在城市公共空间设计中，我们的结构本身所具有的周期性特征就是它的天然优势，非常有利于增加城市公共空间的可识别性，特别容易形成城市地标性建筑。当突出的棱角和线条映入眼帘，将给人以非常深刻的印象，展现出一种类似解构主义所倡导的新颖风貌。这类结构的搭建成本较低，还可以循环利用，不会造成城市公共资源浪费。结构构造的丰富空间，可以有艺术展厅、休息间、读书空间等多种用途。由于这种结构特别容易搭建，甚至可以在公共空间建造过程中邀请公众参与其中，按照公众喜爱的方式去搭建形态丰富的公共空间。此外，这类结构还可以根据空间设计的需求和人的需求设定尺度，提高城市公共空间的利用率和参与度。

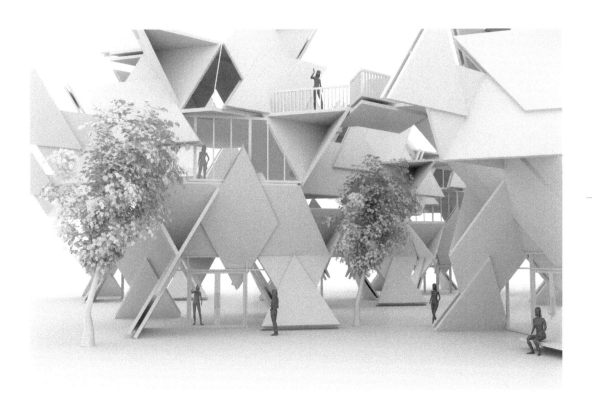

城市公共空间

5.6 景观空间

城市的景观建筑是现代城市中比较常见的一类建筑样式。景观建筑在现代城市环境中具有很重要的配套作用，彰显着每座城市独特的文化气质和人文精神。积极的景观空间除了需要体现美感，满足功能需求，也需要体现某种独特的精神价值，以展现城市的精神和公众对美好生活的向往。我们希望这类结构可以应用到城市景观空间设计中，在特定的时间和城市环境中承担促进人与城市环境的互动、彰显城市精神这样的独特作用。

我们这种具有特殊几何特性和周期性规律的结构的应用，不仅可以带给公众视觉上的美感，还可以灵活地变换出各种不同功能的景观空间。同时，我们的结构可以重组、拆解，可以采用一些可回收利用的材料，充分体现城市对于自然生态的保护，突出城市对环保和可持续发展的关注。基于这类结构特殊的组合特性，可以根据场地的特性和需求，创造具有可变性的景观，以此提升城市景观环境的可识别性和艺术性。而且，可以邀请公众参与到城市景观的设计与搭建当中，真正体现出以人为本的建筑精神。

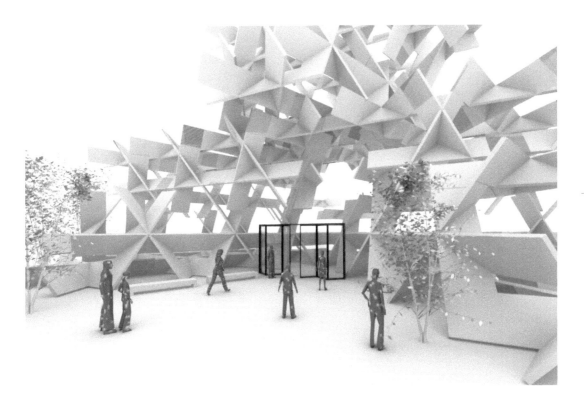

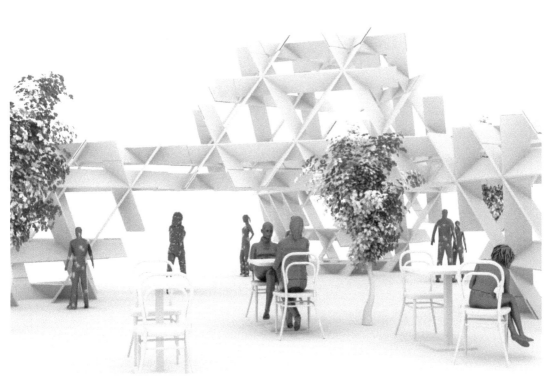

室外景观

5.7 灯 具

灯具是现代家居产品中具有较强装饰性的一种。随着社会发展，现代人越来越崇尚简约、环保、设计感强的家居用品。我们的结构所呈现的明确的几何特点以及可持续的结构设计理念能够很好地满足现代人对时尚家居用品的追求。

目前很多灯具安装后通常不能拆卸或者非常难拆卸清理，而我们设计的结构灯具容易拆卸清理，符合现代人追求简单生活的需求。这类结构本身具备较强的稳定性，适合悬挂，因此这类灯具用品适合作为吊灯照亮建筑内部空间，且光线能透过结构的空隙，在空间内呈现出非常浪漫的光影效果。在材料选择方面，可以选择轻薄且具有一定透光性的材料作为灯具的主材，例如聚丙烯塑料、环保纸、棉麻布、玻璃等。

除了灯具之外，我们的结构也可以用作纯粹的装饰物。由于这个结构具有非常清晰的棱角和线条，只要选择合适的材料，就可以作为室内空间或者公共空间的装饰物。我们设想这个结构可以用在机场、车站、商场中作为装饰。

灯具设计

5.8 太空建筑

在许多科幻电影的情节中，人类将会定居到星际空间或者其他星球，各种奇异的建筑形态激发着人们的想象力和好奇心。近年来商业航天领域的快速发展使得星际探索的成本不断降低，我们有理由相信，在不远的将来，人类的生活空间将会扩展到太空之中，定居在空间站、月球、火星或者其他星球。

如果人类要定居到其他星球上，那必然需要一种全新的建造方式，需要一种更加便捷、模块化的建造方式。而我们结构的一个重要特点就是可以进行模块化的搭建，只要将相同的模块从地球运载到太空，就可以非常便捷地进行组装，形成很大规模的建筑实体。因此，我们设想了一个未来的场景：人类已经开始定居到火星上。选择这颗红色星球，是考虑到目前几个主要的航天大国都公布了火星探索计划。可以预见，在并不遥远的未来，这个场景将会实现。

在这个未来场景中，我们采用正十二面体作为基本几何形态，其结构单元的外形近似于球体，可以形成较大的容积。只要将我们结构的基本单元运送到火星表面，就可以通过机器人在火星上搭建成一个完整的太空建筑。而且这样搭建的建筑具有非常好的扩展性，可以根据居住规模的变化不断扩展。从太空中俯瞰火星表面，未来人们将不只看到荒芜的星球表面，还将看到那一座座拔地而起的太空建筑。在这红色星球的地平线上，未来的人类必将用自己的建造物画上优美的线条。

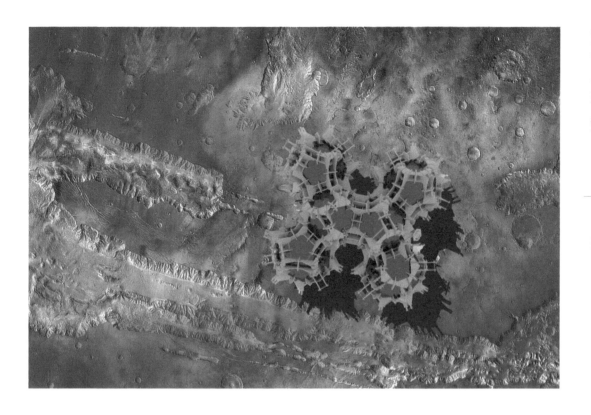

太空建筑

写在后面

2019 年 6 月，华诚羚带着结构设计中的一些力学问题来找我，因为我从事力学方面的研究多年，她希望我能给她提供一些更专业的建议。初次见面，她和她学生做的结构设计就给我留下了深刻的印象，这和我以往熟悉的结构设计有很大差别。这种结构设计非常巧妙和好玩，通过极为简单的单元就可以搭建出各种形态丰富的空间结构。她进行这项几何结构的研究已有许多年，在研究过程中积累了许多搭建经验和大量新颖的几何形态作品。起初，我给予了一些材料力学、结构力学和几何学方面的建议。在后来的交流和讨论过程中，我发现这种几何结构蕴含着非常独特的空间形态演化规律和结构受力关系。于是，我鼓励她将这类几何结构的研究继续坚持下去，并为她提供了一些将这项结构设计体系化的建议。随着交流的深入，我认为这种几何结构存在着特殊的艺术和应用价值，可以为当代建筑发展带来新的思路和可能，值得让更多人了解和参与到这项结构的搭建中来。

2019 年夏天，在我和张玄武的提议下，我们正式开始了本书的创作。书中所收录的丰富的搭建作品都是由华诚羚和她的学生们一起设计搭建完成的。我帮助梳理并重新明确了这项几何结构设计的基本概念和原则，总结并整理了这项几何结构的更系统化的设计体系和搭建逻辑。华诚羚的设计理念受到她的启蒙老师柏庭·卫老师的影响，同时与建筑师坂茂先生的人道主义理念深刻契合。她认为现代建筑应当倡导和推广一种可持续、可复用的建造理念。我对她的理念深为赞同，我认为这种理念是人道主义和"以人为本"思想的现实体现。现代建筑的设计和建造越来越集中到一些大企业和小部分专业人士手中，普通公众作为建筑物的使用者通常被排除在建筑的设计和建造过程之外。这种工业化、资本驱动的建筑发展使得现在建筑形式趋于同质化，让现代城市的风貌变得沉闷。尽管这种工业化的建造方式极大地提高了生产效率，但人文精神和对人的关怀却渐渐流失。建筑建造似乎成了专业人士和富人的游戏，只有那些知名建筑师才有机会展示和发挥自身的想象力与创造力。而且，这种发展趋势同中国文化传统所推崇的"和谐"、"诗意"、"天人合一"的精神追求是相背离的。

2020年，对于所有人都是一个特殊的年份，自然灾害和社会冲突让我们不得不认真反思人类社会的未来发展该何去何从。我们目睹了人与自然相互冲突，并逐渐相互和解的过程，这使我们更加坚定地相信，人与自然的和谐相处具有多么重要的意义。建筑，作为人类对自然的改造物，现实地体现着人类对待自然和对待自身的态度与精神。我乐观地相信，可持续、人道主义的新建筑形式和理念，一定会随着人们反思和重新审视人与自然、社会的关系，而逐渐流行起来。

因此，我希望通过本书的创作能够让更多人了解我们的设计思想和理念，给新时代建筑设计与结构搭建带来新的可能和发展方向。最后，由衷地感谢秦婧雅老师给予我们的信任和支持，感谢我们的责任编辑金佩雯老师，感谢她的耐心和负责，感谢浙江大学出版社为本书的顺利出版所做的诸多努力以及开放包容的合作精神。

夏一帆

2020年6月　于求是园

致　谢

　　非常感谢这些年先后参与这项几何结构研究的学生们，他们富有创造力的想法和积极热情的投入，为我们的设计带来了许多灵感火花，并为这项研究注入了持续的动力。由于篇幅所限，本书只收录了部分同学的作品，希望其他未收录的优秀作品在未来能有机会为读者一一展现。

　　特别感谢以下同学参与了这项课题的研究，并提供了部分作品图片。

2017 年　　陈玫宏　六面体几何结构（作品七）

2018 年　　沈铂骐　六面体几何结构（作品八）

　　　　　　张杰妮　混合型几何结构（作品九）

　　　　　　范诗意　六面体几何结构（作品五）

　　　　　　施　越　六面体几何结构（作品六）

　　　　　　李昱娴　混合型几何结构（作品十一）

2019 年　　骆　晟　四面体几何结构（作品二）

　　　　　　陈法蓉　六面体几何结构（作品三）

　　　　　　毕宏飞　混合型几何结构（作品十）

　　　　　　叶政男　四面体几何结构（作品一）

　　　　　　季思婕　十二面体几何结构（作品十二）

　　　　　　周意易　六面体几何结构（作品四）

图书在版编目（CIP）数据

结构的几何语言 / 华诚羚，夏一帆，张玄武著. —
杭州：浙江大学出版社，2020.6（2021.4重印）
ISBN 978-7-308-20217-6

Ⅰ.①结…　Ⅱ.①华…　②夏…　③张…　Ⅲ.①建筑结构—
结构设计　Ⅳ.①TU318

中国版本图书馆CIP数据核字（2020）第078278号

结构的几何语言

华诚羚　夏一帆　张玄武　著

责任编辑	金佩雯
责任校对	杨利军　夏斯斯
封面设计	华诚羚
装帧设计	华诚羚　周　灵
出版发行	浙江大学出版社
	（杭州市天目山路148号　　邮政编码　310007）
	（网址：http://www.zjupress.com）
印　　刷	广东虎彩云印刷有限公司绍兴分公司
开　　本	787mm×1092mm　1/16
印　　张	11.75
字　　数	150千
版 印 次	2020年6月第1版　2021年4月第2次印刷
书　　号	ISBN 978-7-308-20217-6
定　　价	98.00 元

版权所有　翻印必究　　印装差错　负责调换
浙江大学出版社市场运营中心联系方式（0571）88925591；http://zjdxcbs.tmall.com